U0394236

浙江省社科联社科普及课题

中国丝绸织锦纹饰的美感特质与演变

张爱丹 著

東華大學出版社
·上海·

内容提要

本书将中国丝绸织锦按其发展进程分为古代织锦、近代织锦与现代数码织锦三个阶段，并依托三个阶段的织锦工艺与设计技术，对织锦纹饰题材内容、造型、构图布局和色彩方面的时代特点与美感特质进行分析。其中古代织锦以四川蜀锦、苏州宋锦和南京云锦等三大古代名锦为主要研究对象，近代织锦以杭州都锦生织锦中的黑白像锦和绘画织锦为代表，现代数码织锦则以具备国际前沿技术水平的数码织锦为主体，阐述织锦和纹饰的艺术与技术之美。

本书适合高校艺术设计专业和纺织工程专业师生阅读，也适用于对纺织艺术、织物设计、传统工艺文化等感兴趣的读者。

图书在版编目（CIP）数据

中国丝绸织锦纹饰的美感特质与演变 / 张爱丹著.
— 上海 : 东华大学出版社, 2023.1
ISBN 978-7-5669-2127-7
Ⅰ. ①中… Ⅱ. ①张… Ⅲ. ①丝绸－织锦缎－纹样－
研究－中国 Ⅳ. ①TS146
中国版本图书馆CIP数据核字(2022)第203827号

责任编辑：张　静
版式设计：唐　蕾
封面设计：魏依东

出　　版：东华大学出版社（上海市延安西路1882号，200051）
出版社网址：http://dhupress.dhu.edu.cn
天猫旗舰店：http://dhdx.tmall.com
营销中心：021-62193056　62373056　62379558
印　　刷：苏州工业园区美柯乐制版印务有限责任公司
开　　本：787 mm×1092 mm　1/16　印张 8.75
字　　数：224 千字
版　　次：2023年1月第1版
印　　次：2023年1月第1次印刷
书　　号：ISBN 978-7-5669-2127-7
定　　价：98.00元

序 PREFACE

由蚕丝织成的丝绸，不仅是名贵的物料，更因其丰富的质感和美感而深受人们喜爱。轻薄如烟的纱、罗；光滑细腻的绸、缎；灿若云霞的织锦……。相较于其他丝织品，织锦之美的独特性，在于它兼具纹饰与色彩，而这种美质既不同于无纹饰丝织物的素洁与纯净，也异于印花、刺绣丝织物的后天饰美。织锦是为了五色纹饰而生的，可以说是天生华彩。经、纬丝线的上下沉浮交织旨在纹饰与色彩，之后才有“锦”这一成物，而印染和刺绣之织品均是先有织物再增饰而成的。

“锦”是一种有多彩纹饰的丝绸提花织物品种，自它出现以来，在中国历史上没有中断过生产，直至当下仍可见其独特的身影。它的设计与织造工艺复杂，技术要求也高，不仅是传统纺织产品中最高技术水平的代表，也是极具艺术审美价值的丝织物品种。为了呈现织锦纹饰与色彩丰富的美感层次，笔者将其划分为三个时段进行阐述：一是从春秋战国到晚清的古代织锦；二是从民国时期到 20 世纪 80 年代末的近代织锦；三是 20 世纪 90 年代至今的现代数码织锦。

这种划分主要基于两个角度的考虑：一是织锦的生产方式；二是织锦的设计观念。上述三个发展阶段，较为明晰地对应了手工生产、机械生产和电子自动化生产三种具有时代特征的生产方式，而生产方式的不同必然会从织锦的装饰纹样和色彩特点中表现出来。织锦的设计由显现在织锦表面的纹饰与色彩的设计观念，以及织锦内在的经纬交织结构的设计技术两部分组成。古代织锦的纹饰与色彩的审美价值主要服务于政治，致力于维护社会伦理和传统礼仪制度，因而重在纹饰与色彩的象征性和艺术性的相互配合。现代数码织锦则由经济、生产制作和消费等因素决定，其设计目的在于吸引消费者购买。近代织锦可以看作一个带过渡性质的阶段的产品，它既有古代织锦的影子，又是现代数码织锦的滥觞。中国丝绸织锦呈现的纹饰与色彩效果，从技术角度而言，由交织结构即织物组织及其组合结构的设计技术决定。上述三个历史时段的织锦，在织物组织设计角度上，有着明显的发展线索。古代织锦以彩色丝线为主要设计因素，近代织锦逐渐以织物组织取代彩色丝线的主要设计地位，而现代数码织锦则将织物组织和彩色丝线的设计技术分别推向前所未有的高度，并将两者对色彩的表现能力进行了结合，最终使得织锦对纹饰与色彩的表现达到更为自由和灵活的境界。

古代织锦与近代织锦在织物组织设计方面的主要区别是，近代织锦运用了“影光渐变组织”，这种织物组织是古代织锦不具备的；而现代数码织锦又在近代织锦设计技术的基础上推进了一步，主要表现在两个方面：一是对影光组织进行的系统性设计；二是将影光组织与单层、重组织、双层等多种织物结构相结合，使织锦的织物组织与结构的设计空间得到了前所未有的拓展。对于织锦纹饰的审美解读，必定是与织物组织结构的设计技术的历史变迁相联系的，这也是笔者在本书中阐述织锦纹饰审美价值的一个独特视角。

古代织锦部分主要围绕四川蜀锦、苏州宋锦和南京云锦三大名锦的纹饰与色彩及其织物组织结构设计特点的描述而展开，并从使用者的需求角度，进一步阐述织锦纹饰与色彩服务于古代礼仪制度的文化根源。古代织锦主要为帝王、皇室及官员使用，而随着礼仪制度的变迁或松动，富裕阶层也可使用，但在织锦的纹饰内容、用色或金、银线的使用上有所制约，总体上以符合礼仪制度为基本要求。古代织锦的使用目的是维护和彰显少数人的权势、财富和社会地位，因此其纹饰与色彩表现的主要是上层社会群体的审美趣味。

随着社会结构的改变和传统礼制内容的解构，织锦纹饰的象征性功能被时尚需求所取代，织锦成为众多物质产品中的一份子。对于以杭州织锦为代表的近现代织锦，尤其是杭州都锦生丝织厂设计生产的黑白像景织物，其反映出进入图像时代之后，织锦产品完成了历史角色的蜕变，走进了大众的消费视野。近现代像景织锦以人像和风景摄影照片、绘画作品为表现对象，凭借织锦工艺逼真的模仿功能，兴盛一时。像景织锦的出现在很大程度上受益于摄影技术的应用和进步。在照相机还不十分普及的年代，像景织锦带给人们新奇的体验，近现代像景织锦因此成为馈赠的礼品和纪念品。

对于现代数码织锦，其主要表现出创新的时代特征。丝绸织锦的纹饰是织锦超越单纯的物质实用性的形式内容，相对于作为物的织锦，织锦纹饰与色彩的历史变迁，更能反映使用者生存样态的历史变化。现代数码织锦的纹饰由计算机图形软件设计，并采用提花织物辅助设计软件进行品种规格和织物组织结构的设计，最后在高速电子提花机上生产。中国丝绸织锦的纹饰与色彩，一方面，被看作纺织品设计技术发展水平的等价物；另一方面，织锦纹饰从表现现实或非现实的动植物、人物、风景等形象，朝着单纯表现色彩的变化，或者追求视觉、触觉质感相结合的方向发展，总体上色彩因素变得比纹饰内容更为重要，这与现代以来色彩科学的发展密切相关。但三个阶段的织锦都是各个历史时期体现纺织技术最高水平的代表性产品，从织锦发展的整体过程来说，没有高下之别。

当下，有的学者称之为后艺术时代。后艺术时代是一个泛审美化的时代，不仅任何人造物都可被称为艺术作品，而且人人都是艺术家。无论是作为文化遗产的织锦，或者是作为商品的织锦，还是作为纤维艺术的织锦，在一个多元化发展的时代，只有被更多的人了解，其发展的可能性才有机会变成现实性。

本书是浙江省社科联社科普及课题“中国丝绸织锦纹饰的审美解读”(19YB05) 的研究成果，并得到浙江理工大学浙江省丝绸与时尚文化研究中心的出版资助。

最后，因笔者学识有限，书中难免存在疏漏。望各位读者批评、指正。

张爱丹

2022 年 8 月 16 日

CONTENTS

目录

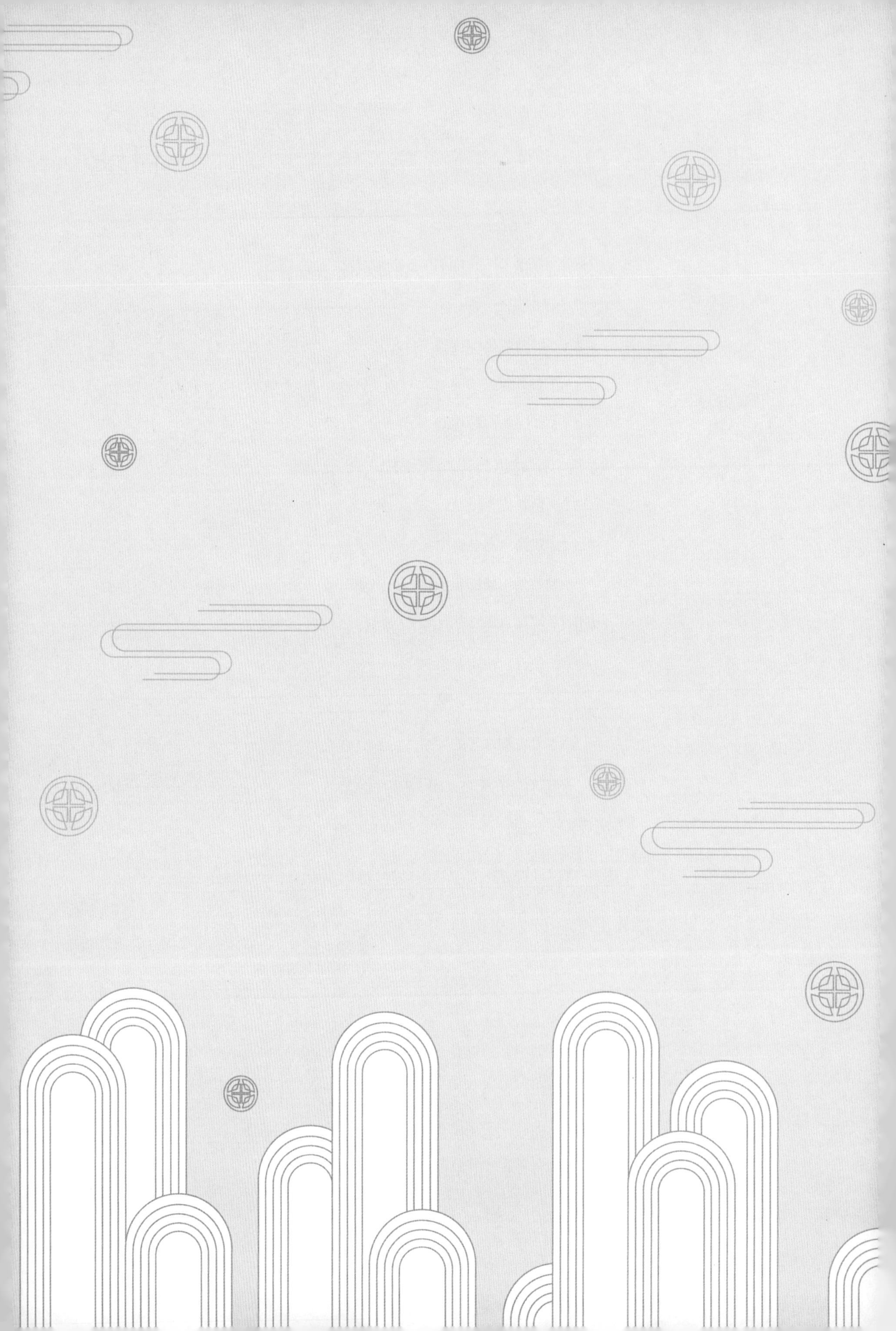

1 华彩成章之中国古代名锦

植桑、养蚕、缫丝和织绸在我国已有五千多年的历史。丝绸是中国古代重要发明成果之一。在众多的丝绸品种中，“锦”是织造工艺复杂，而且技术含量和艺术价值均最高的丝织物。“锦”字由“金”和“帛”组成，自古以来就有“寸锦寸金”的说法。《释名》曰：“锦，金也，作之用功重，其价如金，故字从金、帛。”由此可见锦之名贵。古代织锦中最著名的有蜀锦、宋锦和云锦，它们不仅是不同历史时期丝织物织造水平的最高体现，也是中国丝织物装饰艺术的典型代表，因此被誉为“古代三大名锦”。

笔者以“华彩成章”概括中国古代织锦的审美特质，并在其总括之下，进一步细分为“章采奇丽”“古朴典雅”“华美重彩”，以区别蜀锦、宋锦和云锦的审美特点。“华彩成章”由表及里地展现了古代织锦纹饰的三层审美结构：第一层是外在的纹样、色彩及由两者的组合布局产生的总体外观形象；第二层是显现外在形象色彩的织物组织与交织结构；第三层是彰显和维护社会等级秩序的本质内容。第一层与“华彩”的词义相对应：“华”古通“花”，又有华美、光彩和繁盛等多种不同类型的含义；“彩”首先取其“颜色”之本意，其繁体字为“綵”，本身就含有“彩色丝绸”的意思。“华彩”一词，既有外在的形、色之美，又是因内在品质的充实而自然外显的结果。“成”同时与第二、三层相关联。“成”取“生成”“成就”之意，均为动词。其中“生成”是指织锦纹饰与色彩的物质生成条件与方式，即由经、纬丝线的交织而生成纹饰与色彩。用于规划经、纬丝线交织顺序的织物组织，是实现由内向外的生成与显现的桥梁。“成就”则是实现“章”的内容。“章”既有“纹章”“图章”之意，又含有“文章”“乐章”等文学艺术的韵味，更有“条理”“规则”“法则”的含义。其中“法则”又有两层含义：其一是指织锦纹样的设计艺术规律与法则；其二是指古代织锦上的纹饰与色彩及其象喻，一般都需符合国家的典章制度，受礼法的制约。另外，织锦的“华彩”之美感虽以成就朝廷的威仪为核心，但同时也间接表达了古代士人的胸怀，承载了世俗民众追求人生圆满的祈望。

1.1 章采奇丽：四川蜀锦

位于古代三大名锦之首的蜀锦，始于春秋，兴于秦汉，盛于唐，并在清代中晚期得以复苏，已有两千年左右的发展历史。蜀锦发源于四川。四川不仅是中国最早发明养蚕、缫丝和织绸的区域，它还是较早生产织锦的地区。据记载，在春秋初期，古蜀人就把蚕丝织成蜀布和帛运到秦国的主要都城进行交易，但当时还没有出现有纹饰与色彩的织锦。蜀锦在纹样、色彩、织物组织及其工艺技术等方面，都有独特之处，形成了蜀锦特有的风格，这种风格贯穿于各个历史时期，而每个时期又不尽相同，极为丰富。

1.1.1 蜀锦的品种与织造工艺

1.1.1.1 蜀锦的品种

根据织物组织和织造工艺的不同，蜀锦分为经锦和纬锦两大品类。唐代中期之前，蜀锦采用多彩的经线起花显色，因此被称为经锦。唐代中期之后，蜀锦逐渐发展为采用不同彩色纬线起花显色，于是又有了属于纬锦的蜀锦。从宋末至明清时期，蜀锦发展为同时用经线和纬线显花的织锦。

（1）经锦蜀锦。经锦蜀锦由两组或两组以上的彩色经线和一组纬线交织而成，并采用一组被称为“夹纬”的辅助纬线，将显色的经线和不显色的经线分开。经锦一般至少有两组彩色经线，当其中一组经线和一组纬线交织成纹样的花纹色时，另一组经线与同一组纬线交织形成纹样的地色。这时在地色与花纹色的背面衬着不显色的那组经线，即两组经线各自互为背衬经线。依此类推，若有三、四或五组彩色经线，当有一组经线显色时，余下多组经线都藏于织物的背面。

经锦蜀锦的纬线一般为固定的两组：一组用于与经线交织，称为交织纬；另一组用于区分显色经线与不显色经线，即夹纬。顾名思义，夹纬是夹于显色经线与暂时不需要显色的经线之间的纬线。经锦蜀锦一般采用平纹组织或斜纹组织表现图案花色，这一类型织物的代表有长乐明光锦、胡王牵驼锦（图 1–1）和五星出东方利中国锦等。

图 1-1 胡王牵驼锦（复制品）

图 1-1 展示的胡王牵驼锦，采用经向分区牵经，有黄、白、蓝和黄、棕、绿两条色区，每条各有三种经线色，其中有一色相同，即作为地色的黄色，统一的黄色使整体既有分区效果，又有统一之感。但狮子尾部颜色与身体颜色截然不同，可见这一织物的纹样与分区配色还不够完美。当然也有纹样和色彩分区配合比较贴切的，如 1982 年湖北省江陵马山一号楚墓出土的凤鸟凫几何纹锦（战国），采用四种不同颜色的经线（朱红、土黄、浅褐、深褐），四种经线颜色分别组合成三条分区而不是两条分区，具体为土黄地色配朱红花色、浅褐地色配土黄花色和深褐地色配土黄花色，每条分区有两种经线色。类似的还有塔形纹锦，而这一类型的织锦，其纹样为几何纹，花型比较小，大都属于早期经锦。

（2）纬锦蜀锦。纬锦蜀锦采用多组彩色纬线与一组经线交织起花显色，多组纬线排列比通常为 1∶1，即每种颜色各一根构成一副，如二色纬，一副有两根不同颜色的纬线，三色纬则为三根一副。多组纬线按特定的先后顺序依次投纬，显色纬线遮住暂时不需要显色的纬线，所有纹饰均由纬线显色，经线仅用于与纬线交织构成织物，并不参与纹饰色彩的表现。纬线显花使得蜀锦纹饰无论在色彩的数量上，还是在色彩的表现自由度上，都有了显著的提升。其代表织锦有联珠鹿纹锦、四天王狩猎锦（图 1-2）等。

图 1-2 四天王狩猎锦（复制品）

图 1-2 展示的四天王狩猎锦，现藏于日本，为初唐至盛唐的织品。纹样由圆形联珠纹构成，再以辅助纹样填入圆形之外的空隙，两者形成明确的主次关系。这种纹样构成样式通常称为联珠团窠。联珠团窠内部以一棵树为中心，形成左右对称布局，

上半部两位天王做反身持弓箭并朝外射击猎物之状，而所骑之马则头朝里，马与人之间产生一种张力；下半部两位天王和上半部的朝向相反，动作基本相同。由于需要和圆形外框相契合，下半部朝外的马呈现出奋力向前奔跑的动姿，显得十分生动，同时富有力量感。纹样整体刻画细致，而且具有波斯图案风格。从配色上看，纬线显色使织物用色更加丰富，也更为灵活。

（3）经纬结合显色蜀锦。经、纬线都用于图案色彩的表达，使丝线的色彩得到充分运用。如采用一组经线和一组纬线交织，经面组织表现一种图案色，纬面组织表现另一种图案色。这类蜀锦的代表有落花流水锦与几何杂宝纹晕裥锦等。另一种情况是经、纬线色的应用有明确的分工，经线色主要为地色，纬线色用于表现花纹。后者再结合晕裥牵经工艺，可以使单层结构织物有丰富的色彩和多样化的表现形式。这种类型织物色彩的丰富性和表现形式由经线决定，而花纹色通常全幅只有一种。其代表织锦有“晚清三绝”之称的月华锦（图 1–3）和雨丝锦（图 1–4）。

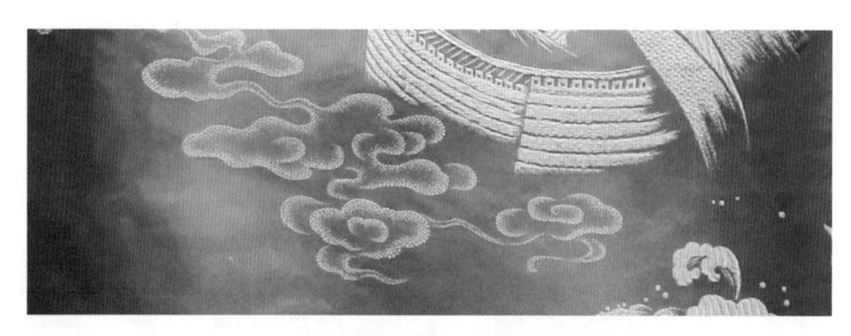

图 1-3 月华锦（局部）

图 1-4 雨丝锦（局部）

图 1–3 所示的月华锦地部色彩具有自然细腻的渐变效果，分别从红色过渡为白色，白色继续晕色过渡为黄色，黄色逐渐变成白色，再由白色到红色渐变，形成一个渐变循环。在由红、白、黄、白经线排列产生的渐变地色上用白色纬线显现纹样图像，效果独具一格。这一品种的生产织造，必须要有高超的丝线染色技术和经丝牵制技术的加持，自古以来只有在蜀锦中才能见到。

1.1.1.2 蜀锦的织造工艺与特色

蜀锦生产的传统工艺大致可分为练染、纹制和织造等三大部分，其中：练染工艺包括练丝和染色工序；纹制工艺包括蜀锦纹样的设计、配色、挑花结本和装造等工序；织造工艺包括织前准备和上机织造两部分。

常用工艺流程：生桑蚕丝—精练（灰练）及酶染—染丝—扛丝（丝光）—调丝（翻丝、络丝）—排花牵经—穿综穿筘—摇纾（卷纬）—上机织造。

从上述蜀锦的品种分类可知，蜀锦的产生、发展经历了从经锦到纬锦的演化，这在苏州宋锦和南京云锦的发展历程中是未曾出现的。相对于后起之秀的传统苏州宋锦和云锦，蜀锦独具的特色工艺主要有“经线起花”“夹纬”，以及“彩条、晕裥牵经”等。

（1）经线起花。经线起花是指图案花色主要由经线色表现，因此经线色的多少决定图案色的数量。如花纹有三色，则经线也要有三种颜色。纬线不用于表现纹样，但有两种用法：一是夹纬；二是交织纬。夹纬是将显色的经线和暂时不显色的经线分离，使显色经线在夹纬上面，而非显色经线在夹纬下面。这种上下叠置关系使织物正面只能看到一组经线色。由于夹纬不与经线形成交织关系，它只是起区分的作用，所以需要另一组“交织纬”与所有经线进行交织，这样才能形成织物。

（2）彩条与晕裥牵经。“彩条、晕裥牵经”是蜀锦的特有工艺。蜀锦自产生之日起，其经向丝线就是起花的主体，为了获得丰富的配色效果，开创了彩条分区牵经工艺。“彩条牵经”主要有两种类型：一是重经彩条；二是单经彩条。

① 重经彩条。重经彩条是指每一个彩条由多组色经按一定的比例排列组成。如织物经线共有三种颜色，分别为黑色、黄色、黄绿色，如图 1-5 所示，当分为三条色区时，每区最多可以有三种经线色，但三种颜色各自轮流作为地色：第一色条的经线顺序为黑色、黄色、黄绿色，其中黑色为地色，黄色与黄绿色为花纹颜色；第二色条的经线顺序为黄色、黄绿色、黑色，其中黄色为地色，黄绿色与黑色为花纹颜色；第三色条的经线顺序为黄绿色、黑色、黄色，其中黄绿色为地色，黑色与黄色为花纹颜色。

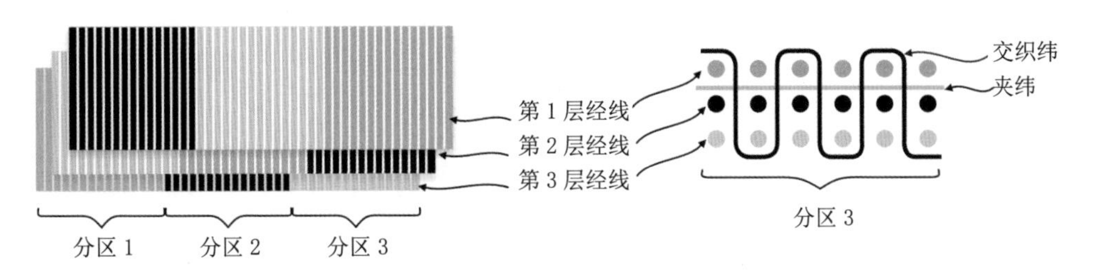

图 1-5 重经彩条分区

三区为一个循环，反复排列。从织物表面看，形成黑色、黄色、黄绿色三条具有一定宽度的色条排列，虽然同为三色，但因地色不同，色彩搭配效果也不尽相同。这是一种在有限经线色的情况下，丰富配色效果的独特设计技巧。

不同颜色的经线按 1：1 的比例组成一副，再由多副重复排列，布满整个门幅。彩色经线排列较为常见的一般是二色（1：1）、三色（1：1：1）和四色（1：1：1：1），也有少量的五色和六色。色条的宽窄可以根据纹样色表现的需要进行设计，可以宽度相同，也可以是宽窄变化组合搭配。如中国丝绸博物馆收藏的对龙对凤纹锦，根据研究者分析，经线有褐色、浅褐色、米色和朱红色四种，四种经线色两两配成色条，互为地色和花色，且色条宽窄富有变化，见图 1–6。①

② 单经彩条。单经彩条是指经向丝线为单层，色条是由不同颜色的经线按设计构思沿着水平方向并列而不重叠产生的，地色为经线色，地色上的纹饰由纬线表现，织物既有单经单纬的提花织物，也有单经多纬的提花织物。蜀锦的单经彩条有两种形式：一是经线直接染成多种颜色，通过不同颜色的经线排列，形成渐变色效果，如图 1–7 所示，实物例子见月华锦（图 1–3）；二是彩色经线为少量几种，借助彩色经线与白色经线的间隔排列，形成从彩色到白色的渐变色效果，如图 1–8 所示，实物例子见雨丝锦（图 1–4）。前者对纱线染色和排列技术的要求极高，后者主要依靠白色经线的间隔设计。

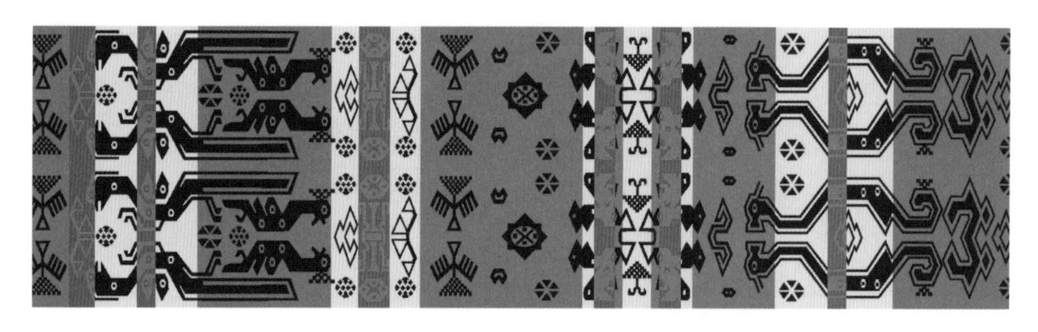

图 1–6 对龙对凤纹锦配色示意

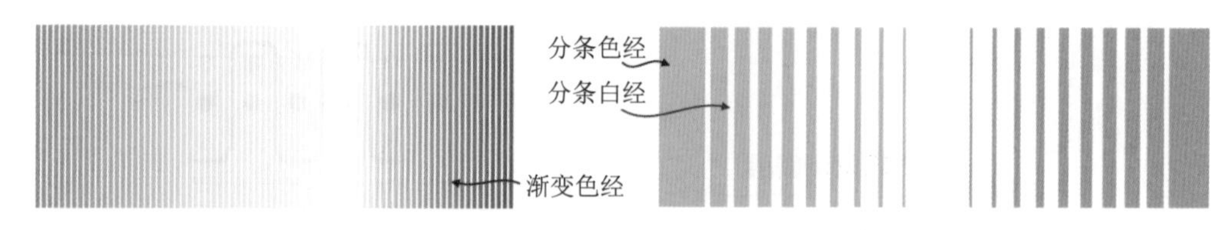

图 1–7 单经彩条（渐变色经线）

图 1–8 单经彩条（色经与白经间隔）

① 赵丰、罗群、周旸：《战国对龙对凤纹锦研究》，《文物》2012 年第 7 期。

早期蜀锦多为重经彩条，单经彩条是晚清才出现的设计形式。唐代之后传统织锦的设计织造，逐渐从经锦转向以纬线起花显色为主的纬锦。但蜀锦艺人在早期彩条分区牵经的基础上，独创了被称为“晕裥牵经”的工艺，赋予了织物单经彩条渐变色效果。晕裥牵经工艺充分利用四川地区高超的丝线染色工艺及整经排列工序，实现了经线的均匀晕色和条状间隔过渡。

1.1.2 蜀锦的纹饰与组织结构

1.1.2.1 蜀锦纹饰风格

蜀锦因跨越时期长，从战国至晚清，在纹样风格方面的变化十分丰富。早期蜀锦纹样以规则的几何图案为主，战国之后从纯粹的几何纹，如回纹、云雷纹及折线等，再发展为鸟兽纹，但这一阶段的鸟兽纹样仍具有明显的几何化倾向。到了秦汉时期，蜀锦纹样在表现内容上虽仍以鸟兽纹样为主，但造型从直线化的几何形态演化为曲线形体。无论是单个鸟兽纹样造型，还是它们的整体构图布局，都显得更为自然，纹饰间流露出一种灵动的气韵。

魏晋南北朝时期的蜀锦纹饰，表现的主纹样仍为动物纹，在造型上基本延续了汉代的流线形风格，但动物不再是以飞奔、跳跃、咆哮等充满活力的面貌出现，而是静静地伫立或蹲坐着。除了造型从动态转变为静态之外，在纹样的排列上也出现了一些变化。这些变化大致可以概括为两个方面：一是纹样的布局采用了条、格分区的形式，再在分区的框架内填充动物纹样；二是框架内的纹样采取对称的组合方式。这一时期的蜀锦从造型、组织到排列布局，都表现出一种规则性和空间平面化的特点。

隋唐蜀锦纹样的总体风格趋于雍容、富丽和华贵。由于单个花回的尺寸增大，在一个循环单位内，不仅可以表现更多的纹样内容，也允许有更多的细节刻画和装饰性表现，因此纹样呈现出精致、饱满的气象。在纹样设计方法上，运用了左右对称、旋转重复及层层嵌套等手法，使纹样显现出一种融严谨的秩序感与恣意的力量感为一体的精神状态。唐代中期产生了纬线起花显色的工艺技术，它使得纬线色可以在纹样的不同区域灵活使用，从而达到丰富色彩配色的效果。

宋元时期的蜀锦纹样风格，总体上趋于写实，而在表现内容上以植物花卉和禽鸟为主。植物花卉纹样题材在唐代开始出现，至晚唐时已十分流行，在风格样式上虽有写实的倾向，但更为凸显的仍是装饰性风格。宋代恰好相反，以写实风格为主、装饰表现为辅。另外，在纹样的组合上，有意将不同季节开放的花卉表现在同一画面上，称为“一年景”或“四季花”，表达一种对圆满的向往和祈求，颇受时人的推崇。元代也有称为“满池骄”的组合纹样，通常将荷花、大雁或鹭鸶等水禽，以及其他辅助花草进行组合设计，以表现池塘的景色与风光。两种设计中，前者超越了时间的限制，后者着意于空间的延展，但各自都提供了一条独特的线索，将更多的物象收拢到一个取景框中。

明清蜀锦延续了唐宋以来盛行的卷草、写生花鸟、几何纹样。在纹饰风格上更加趋向繁缛、纤细和俗丽，这与纹样的旨意或主题立意密切相关，具体表现为对世俗的福禄寿喜、高官厚禄、儿孙满堂等的向往和表达。因此，采用能表意的题材进行组合设计，借助谐音、象征和比喻的表现手法，对各种愿望进行或明晰或隐晦的传达。纹样变成欲望与愿望的形式符号。晚清出现的被称为“晚清三绝”的方方锦、雨丝锦和月华锦，虽在工艺设计与织造技术上有所创新，但从纹样题材、主题到形象风格，并没有太多的突破，仍旧是龙凤呈祥，以及被誉为“君子”的菊花等。这一时期已经没有雄伟的抱负、突出的个性和激昂的热情，而是平淡无奇却又真实的世俗故事。

蜀锦相对于苏州宋锦和云锦，出现时间最早，发展的历史也最长，因此纹饰风格变化尤为丰富。另外，宋代之后，蜀锦与苏州宋锦、云锦的纹样风格也有相互影响、互相借鉴之处。蜀锦纹样作为一个独立的纹样体系，随着时代的变迁，为我们展现了一幅从兴起、发展、兴盛到衰落的起承转合的生命画卷。

（1）纹样。

① 动物纹。动物纹样是唐代之前蜀锦的主要表现题材，虽然宋元之后的植物花鸟纹后来居上，继而形成以植物花卉为主体的格局，但龙、凤、麒麟、鹿等动物纹依旧长盛不衰。蜀锦纹样中动物种类十分丰富，既有自然界中真实存在的动物，如虎、豹、狮子、牛、骆驼、鹿、马、羊、雁、孔雀、锦鸡、鹤等，又有人们想象和幻想的动物或神话传说中的动物，如龙、凤、麒麟、玄武、朱雀、辟邪等。两类动物纹样中，非现实的动物纹更能反映两汉与魏晋时期织锦的时代风貌，因为汉代仍保留有较为浓郁的楚地巫风，远古遗留的神怪传说则在晋朝人的思想观念中时有回响；而唐宋以来，表现与描绘现实动物更为普遍，除了演变为象征帝王和皇后的专属动物纹，即龙纹、凤纹之外。

a. 龙。在古文献的记载中，龙最让人印象深刻的是它变幻莫测的神力。《说文·龙部》载：“龙，鳞虫之长，能幽能明，能细能巨，能短能长，春分而登天，秋分而潜渊。”王充在《论衡·龙虚篇》中写道：“然则龙之所以为神者，以能屈伸其体，存亡其形。”龙是想象性的动物。古人创造了很多种不同的龙，并赋予它们不同的形象和内涵。在古人的观念中，龙是一种能兴云降雨以滋养农作物的神灵，对于以农业立国的中国，其影响力非同一般。此外，龙有助人登天成仙，让驾御之人遨游于四海之外，体验超然物外的得道境界的神力。《楚辞》中出现了虬、飞龙、蛟龙、螭、应龙、烛龙、苍龙、神龙等，它们的主要功能是用于乘驾。由此可见龙之类型的丰富性，这也说明它在古人思想中占有重要地位。

不同种类的龙，在造型方面，有兽身龙和蛇身龙之别，有无角、独角和两角之分，以及有翼和无翼、有鳞和无鳞等差异。《广雅·释鱼》载："有鳞曰蛟龙，有翼曰应龙，有角曰虬龙，无角曰螭龙。"在龙的姿态方面，有行龙、游龙、盘龙、坐龙、飞龙等，并且不同姿态的龙纹造型可以配合不同的外框，如圆形的团龙。在色彩方面，有白、青、玄、赤、黄等颜色，其中黄龙具有主体性的位置。由于黄色是五行中"土"的颜色，它在方位上居中，因此黄龙在所有颜色的龙中居最高地位。另外值得一提的是苍龙。苍龙在四方中是东方的神龙，代表春季。

蜀锦作为一种名贵的丝织物，尤其在早期的古代社会，只有社会地位较高的人才能使用，所以在蜀锦上表现各式各样的龙纹，成为一个共同的选择。因为在古人的观念中，图像及其表现的对象在很大程度上是同一的，图像就代表对象本身，穿着龙纹服装也许能够吸引真龙现身，进而能让穿着者成为可上天入地的神仙。宋元之后，龙逐渐成为帝王的专有象征，造型上也变得程式化。

图 1-9 所示的龙纹，取自湖北江陵马山一号墓出土的战国舞人动物锦（图 1-10）。此锦由深红、深黄及棕三色经线与纬线交织而成，织物组织采用平纹，属于平纹经锦，其纹样中有形态各异的龙纹。图 1-9 中，（a）所示龙纹形体较大，其造型为兽身龙，（b）~（d）所示龙纹在锦面上形体较小，其造型为蛇身龙，它们的共同点是都有蛇头和足，而（e）所示为无足的蛇形龙。

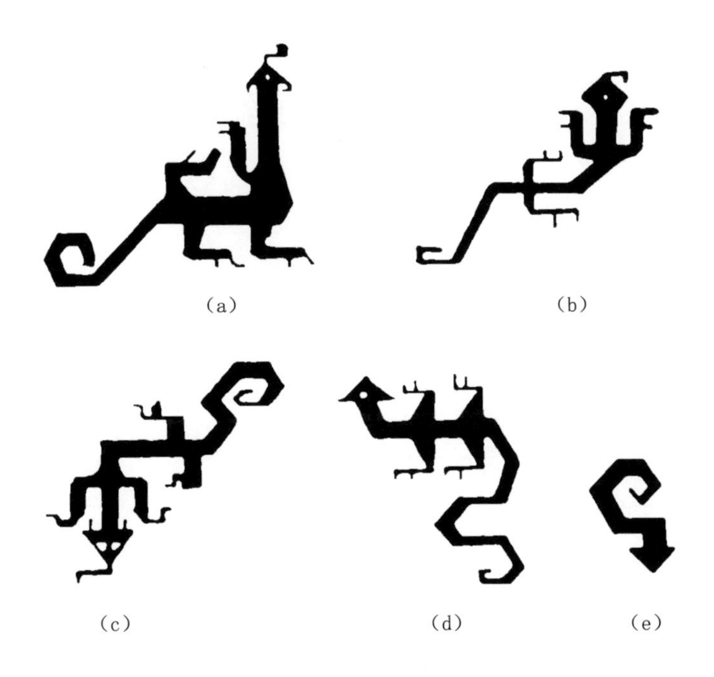

图 1-9 龙纹

图 1-10 舞人动物锦局部（复制品）

战国，1982 年湖北江陵马山一号楚墓出土，湖北省荆州博物馆藏，见于衣物的外缘使用。纹样横向排列，其单元纹样经向长 5.5 厘米、纬向宽 49.1 厘米，整体与幅宽同长，为通幅式纹样。

b. 凤。凤被誉为百鸟之王，是有着华冠和长尾羽的想象性动物。《山海经・南山经》载："有鸟焉，其状如鸡，五采而文，名曰凤皇，首文曰德，翼文曰义，背文曰礼，膺文曰仁，腹文曰信。是鸟也，饮食自然，自歌自舞，见则天下安宁。"《说文・鸟部》："凤，神鸟也。天老曰：凤之像也，麐前鹿后，蛇颈鱼尾，龙文龟背，燕颔鸡喙，五色备举。出于东方君子之国，翱翔四海之外，过昆仑，饮砥柱，濯羽弱水，莫宿风穴。见则天下大安宁。"前者描述的"凤皇"，单纯地属于禽鸟类的形象，却将头部、翅膀、背部、胸部和腹部等不同部位的纹理，附会以"德、义、礼、仁、信"等五种高尚品德；而后者描绘的"凤"，则以禽鸟为主特点，又融合了爬行动物、鱼类和走兽类动物的某一项特点，其形象的组成成分多样。它们都是想象性的动物，其造型、纹理和色彩设计，均满足了人们"以全为美"的心理特点，并被赋予了只有人类才有的德性特征，这体现了"以善为美""文质彬彬"的儒家传统审美取向。庄子在《人间世》篇中借楚国隐士接舆之口，将孔子喻为凤。在这一意义上，"凤"可以说是儒家文化的一个象征符号。与此相对，庄子在《天运》篇中又托孔子之言，将老子喻为龙。孔子曰："吾乃今于是乎见龙！龙，合而成体，散而成章，乘云气而养乎阴阳。"闻一多在谈《龙凤》一文中也提出，龙、凤这两种形象的涵义与道家、儒家文化相比拟，有其历史根源。

与凤一样，皆备五彩之文的神鸟也有很多种。《山海经・大荒西经》载："有五采鸟三名：一曰皇鸟，一曰鸾鸟，一曰凤鸟。"《小学绀珠》卷十中记录了凤居五方神鸟之一，又根据凤鸟的色彩不同，再分五种。五方神鸟为东方发明、南方焦明、西方鹔鷞、北方幽昌、中央凤皇。五凤有五色，为赤者凤、黄者鹓雏、青者鸾、紫者鸑鷟、白者鸿鹄。鹓雏、鸾、鸑鷟和鸿鹄在造型上都与凤相似，但在色彩上各有不同的主色，由此被赋予不同的名称。与神龙类似，神鸟也与地理方位相对应。但五凤的五色并非都为正色，其中紫色代替了黑色。再者，五凤以五色为基础，并以一种颜色为主色。

图1–11所示的两种鸟纹形象，与图1–9所示龙纹取自同一块织物。图1–11中，（a）所示为全侧面造型，有明显的冠和华美的尾羽，凤纹的典型特征显著；（b）所示凤鸟的头、足为正面造型，而翅膀和尾羽为侧面造型，尾羽没有前者突出，更像朱雀。

（a）全侧面

（b）头部和足为正面

图1-11 两种凤纹

c. 麒麟。蜀锦纹样中有大量的瑞兽，如麒麟、天禄及其他叫不出名的动物形象。它们大多是古代神话传说中想象的动物。《礼记·礼运》第九：“麟、凤、龟、龙，谓之四灵。”麟为四灵之首，在造型上，融合了麋身、马蹄、鱼鳞、牛尾等，如图1–12所示。[①] 从字的构造上，也可以看出麟与鹿有关。麒麟被认为是一雄一雌的合称，麒无角而麟有角，麒为雌，麟为雄。麟有一角，角端有肉，全身金黄。《说文解字注》：“单呼麟者，为大牡（雄）鹿也；呼麒麟者，仁兽也。”《诗经·国风·周南》篇中有一首《麟之趾》，以麟喻人，赞美贵族公子的高尚品德。因为麟有蹄、额和角，却不伤人，古人以其为仁兽、瑞兽。宋代严粲在《诗辑》中说：“有足者宜踶，唯麟之足，可以踶而不踶；有额者宜抵，唯麟之额，可以抵而不抵；有角者宜触，唯麟之角，可以触而不触。”

图1-12 麒麟 武梁祠屋顶画像（复原图）

① 麒麟图由冯云鹏、冯云鹓于1821年绘制。转引自巫鸿著《武梁祠》，杨柳、岑河译，生活·读书·新知三联书店2015年版，第256页。

东汉的麒麟被确定为独角，但角的形态分为角端无肉和有肉两种。角端无肉的，角长而弯曲，多羊身。这类羊身麒麟，出现于装饰有五灵纹的铜镜、铜牌饰和银饰上。角端有肉的麒麟，又分鹿身和马身两种，分别对应“麒麟”和“骐麟”两种命名。东汉时四川有一种鹿身、双翼及头顶有灵芝状肉部的麒麟形象，有榜题称之为“天鹿”或“天禄”，此“天禄”与一种和辟邪配对的天禄不是一回事。角端有灵芝状肉部的为雄性，没有灵芝状肉部的为雌性。据说这种形象只在四川地区流行，其他地方鲜见，而蜀锦正是四川出产的织锦。新疆民丰尼雅出土的五星出东方利中国锦（图 1–13）、长乐明光锦（图 1–14），以及新疆吐鲁番阿斯塔那北区出土的对麟对凤锦（图 1–15）中，都有类似的麒麟形象。

图 1-13 五星出东方利中国锦（复制品）

图 1-14 长乐明光锦（复制品）

图 1-15 对麟对凤锦（复制品）

蜀锦上的其他动物纹样有象、牛、狮、羊、鹿等形象，如图 1–16 至图 1–18 所示。这些基本上都是现实生活中的动物，造型写实，样态温顺。汉魏之后的动物纹，已经没有原始的狂野气质，而是披上了华丽的装饰，流露出一种养尊处优的悠闲神态。

图 1-16 方格狮象纹锦（笔者摹绘）

新疆吐鲁番阿斯塔那出土，现藏于新疆维吾尔族自治区博物馆。以方格结合色条分区为框架，以象、牛和狮子形象为主纹，其中象与牛的经线色为橙黄、青、白三色，狮的经线色为褐、绿、白三色，形成五色经的重经织物。因象、牛区域的经线色相同，象白而牛青，既有区别又满足了动物固有色的表现。

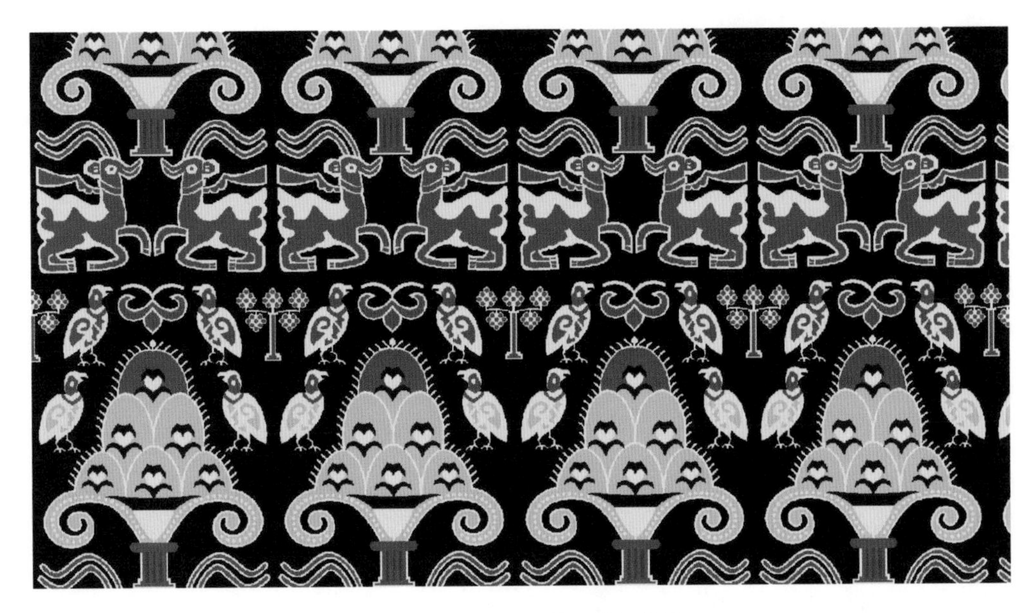

图 1-17 对羊对树纹锦（笔者摹绘）

新疆吐鲁番阿斯塔那出土，现藏于新疆维吾尔族自治区博物馆。纹样有羊、鸟和两种树纹。对称设计不仅用于纹样的排列组合上，同时两种树的造型设计也采取了左右对称布局。

图 1-18 黄地对鹿纹锦（笔者摹绘）

现藏于瑞士阿贝格基金会。由绿、棕、白、黄、青五色纬线交织成斜纹多色纬锦。主纹样为对鹿团窠，地部穿插四簇纹，主次分明。窠中红色对鹿造型肥壮，鹿角向后飞扬，有如树枝，脚踩棕榈叶盘，神气昂扬。鹿身饰以联珠图案，鹿额上方饰以朵花，背上有一组三叉叶纹，窠内空间利用充分，窠外再饰以花叶纹，更显华美隆重，是唐朝代表性纹样之一。

《山海经》中有四方之神：东方句芒、西方蓐收、南方祝融、北方禺疆。它们通常乘着两龙或两蛇，飞升于天地之间，是沟通神、民的使者。有着上天入地能力的龙、蛇协助四方使者完成人神交通的神圣任务。商周时期青铜器上的动物纹，同样具有协助巫觋完成沟通天地、人神的使命。拥有交通天地的手段，就代表着拥有智慧和权力，因此饰有动物纹的青铜器也就成了财富和地位的象征。那么，汉代蜀锦上的神奇动物应该也包含这样的意味，不同的是弱化了沉郁厚重的政治氛围，多了一层祈求生命永继、富贵长存的世俗愿望。随着朝代的更迭与文明的进步，不仅动物纹的原始含义逐渐被人们淡忘，人们也越来越不能欣赏这些动物纹的狂暴、狞厉之美，甚至连动物纹的主体地位也让位于花草纹，人们更乐于沉浸在花鸟营造的既轻松明快又赏心悦目的优美氛围中。

② 云纹。仰望苍穹，漂浮无定、变幻莫测的白云，映入眼帘。天穹在缱绻游走、时聚时散的云彩衬托之上，于古人的幻想中成为神仙居住的浩渺之境。神话传说中的密林高山、海上仙山之神秘色彩，更离不开缭绕的烟霞。神仙、游龙、飞凤与各色祥禽瑞兽的出现，必有云气相伴。《楚辞·云中君》描写了云的变化，以及云神（一说月神）被巫师请下人间，与民亲近的情节和过程。在上古时代，云已是一种祥瑞的征兆。汉代史学家司马迁在《史记·五帝本纪第一》中写到黄帝治理天下之时，“官名皆以云命，为云师” 。宋代裴骃《史记集解》引应劭曰：“黄帝受命，有云瑞，故以云纪事也。春官为青云，夏官为缙云，秋官为白云，冬官为黑云，中官为黄云。”

丝织物上的云纹，最早以手绘与刺绣两种方式进行表现，采用提花工艺表现的云纹出现得要晚一些。通过经纬交织的织锦技艺来表现飘飞流动的云纹，会受到较多的限制，从商周时期的织锦纹饰都属于几何类型便可知其一二。可见，设计并织造变化多端、恣意流动的云纹，需要更先进的丝织技术和织造设备等条件的支撑。四川织锦业要到两汉，尤其是东汉，才逐渐发展起来。彩绘和刺绣（图 1-19）的云纹，首先成为织锦云纹的借鉴对象。新疆民丰尼雅出土的万世如意锦（图 1-20）、安乐如意长寿无极锦，在造型上与“长寿绣”云纹颇为相像，不同的是织锦云纹中加入了汉字铭文，这是刺绣纹样中未见的现象。

图 1-19 “长寿绣”云纹（笔者摹绘）

图 1-20 万事如意锦（笔者摹绘）

云纹的造型，常与茱萸、穗状饰物发生关联。茱萸是常绿带香的植物，有吴茱萸、山茱萸和食茱萸之分，但都可入药。也许是茱萸的药用价值，以及它具有驱杀毒虫的功效，促使古人产生了佩饰茱萸的风俗。汉代刘歆《西京杂记》卷三《戚夫人侍儿言宫中乐事》载："九月九日，佩茱萸，食蓬饵，饮菊华酒，令人长寿。"鉴于这种风尚，茱萸成为织锦上的装饰纹样，也可作为一种解释。此外，也有人认为这种纹样像一种穗状的饰物，故而将其称为"穗云纹"。

除了上述这种云纹形象之外，汉代织锦上的云纹更多的是与动物题材结合在一起的，于是云纹渐渐地向植物藤蔓、连绵起伏的山状造型演变，再与各类飞禽走兽组合。将云气与龙、凤、虎等进行合体设计，先于织物而出现在漆器、铜镜上，织锦上的云气动物纹样也有可能受它们的启发。出土于新疆古楼兰遗址的韩仁锦，不仅有形如藤蔓的云气纹，还有无勾边装饰的穗云纹，而穿插其间呈水平排列的主题纹样，则是形态各异的走兽形象（图 1-21）。具有相同风格的还有延年益寿大宜子孙锦、延年益寿长葆子孙锦等，它们的纹样都极为相近，只是铭文略有不同。

图 1-21 韩仁锦（笔者摹绘）

东汉至魏晋，新疆古楼兰遗址出土，印度新德里国家博物馆藏。此锦为汉代平纹经锦，红棕色地上显深蓝色、绿色、浅黄色纹饰，其中红棕色和浅黄色贯穿全幅，深蓝色和绿色呈条状并相间排列，构成 1:2 的经二重四色经锦。

将云气与连绵山形结合起来的云气动物纹锦，也有不少，并且在横向构成上可分为通幅式、对称式和重复式三种。通幅式是指在完整幅宽内，纹样没有重复，其代表织物有新疆楼兰出土的登高明望四海贵富寿为国庆锦。对称式构图是指沿幅宽方向，纹样呈左右镜像对称布置，如尼雅出土的恩泽下岁大孰宜子孙富贵寿锦（图 1-22）就属于这种排列形式，而值得一提的是，嵌于其中的铭文虽在组织布局上也属于对称式，但铭文是不重复的，每个字都不相同。重复式是指沿纬线方向，纹样多次反复出现。这种类型相对于通幅式和对称式，纹样花回较小，需要多次重复才能铺满整个幅宽。如广山锦、长乐明光锦、王侯合昏千秋万岁宜子孙锦（图 1-23）等，都属于重复式。

图 1-22 恩泽下岁大孰宜子孙富贵寿锦（笔者摹绘）

中国丝绸博物馆藏。山状云纹和动物纹样左右对称，纹样有鸟、羽人、麒麟、飞鹿、老虎等形象。然而，上面的文字纹从字形角度而言是通幅式的。蓝色经线为地，红、绿、黄、白四色经线为纹样色。四种纹样色中，黄与绿两色呈竖条状排列，红、白两色为两个色域通用，因此每条皆有三种纹样色。由于地部为同一色，且两种色条上有贯通的其他两色的纹样内容，因此这种分割感并不十分明显，可见色彩设计的巧妙。另外，深蓝地色上有极细的橙色经线条，呈虚线状，犹如断断续续的雨丝，丰富了地部的艺术效果。

图 1-23 王侯合昏千秋万岁宜子孙锦（笔者摹绘）

汉晋，1995 年新疆民丰尼雅遗址三号墓出土，新疆文物考古研究所藏。纹样中有四种图形元素和 11 个文字，四种图形元素与一个文字排成一列，两列构成一组图形循环。文字从右到左按王、侯、合、昏、千、秋、万、岁、宜、子、孙的顺序横向水平排列，色白。织锦青色地，红、白、黄、绿四色经线显花，绿色和黄色分区排列，为 1:3 的经二重五色经锦。

③ 文字纹。文字成为织锦上的纹样，源于远古的文字文化。《淮南子·本经训》：“昔者苍颉作书，而天雨粟，鬼夜哭。” 高诱注：“鬼恐为书文所劾，故夜哭也。” 文字的发明和使用，使得人能在短时间内获得许多人积累的经验和知识。我们通常所说的以史为鉴、博古通今，就是指掌握了过去的知识，可以提升我们的决断能力，或者对未来做出正确的预测。

从文字的发展历史来看，首先是刻或划在龟甲和兽骨上的甲骨文。商代的甲骨文主要用于记录占卜的结果，而当时的人们占卜询问的对象有各类神灵和祖先。在某种程度上，可以说占卜结果记录的是已逝的祖先的智慧。生者通过文字得以与祖先沟通，也使书面文字拥有了一种特殊的权力，而这种权力就是威慑和驱使神、鬼的能力。继甲骨文之后，是青铜礼器上的铭文，再到写于竹简和丝帛上的文字。墨子在《兼爱下》中写道：“吾非与之并世同时，亲闻其声，见其色也；以其所书于竹帛、镂于金石、琢于盘

盂，传遗后世子孙者知之。”这里更多的是表达一种让后世子孙知晓先人事迹，将先人的知识、德行继承下来，进而提升后世子孙的智慧。在某种意义上，这也是一种祖先对子孙的庇荫。周代之人，往往以“子子孙孙万年永宝用”作为铭文的结尾。他们已明确表示，铭文的目的主要是泽被后世，而不是为祖先祈福。

出现在汉代云气动物纹锦中的文字纹样，可以说是周代铭文的一种延续形式。文字从生者期望得到先祖庇佑的媒介，演变成为一种纹样的类型。文字产生之初，在先民的观念中具有强烈的威慑力，因为文字记录掌握着统治天下的秘密；作为信息的一部分，文字也就具备了如同信息本身的神秘力量。后来，随着文字使用的逐渐普及，以及人类知识的日益丰富，文字也开始逐渐减少这份神秘的强势力量。

现在也有学者将这些铭文按其用意，分为祈祷延寿与子孙蕃昌的词语、记录神仙所在的山名，以及记载具有特殊意义的事件等三类。第一类如“延年益寿大宜子孙”“千秋万岁宜子孙”“世毋极锦宜二亲传子孙”（图 1–24）等；第二类如“广山”“威山”等；第三类如“登高明望四海贵富寿为国庆”“五星出东方利中国”等。这些功能与青铜器礼器上记录的祖先事迹、成就，以及后世子孙要求家族的先祖给予泽佑，在本质上并没有太大差别，只不过限于空间，择其主要之词语。可见，文字纹首先是为了满足人们功利性的需求，才成为装饰纹样的，这是一种以“有用为善”，进而“以善为美”曲折转换的例子。

图 1–24 世毋极锦宜二亲传子孙锦局部（笔者摹绘）

（2）色彩配置。

① 暖色为主。战国至西汉初期的织锦主要为二色经锦和三色经锦。花纹单元较小的大致为 1 厘米，呈散点排列。较大组合花纹多为横向布局排列，而经向循环较小，一般在 2~3 厘米左右。在色彩配置上，花纹多用朱红色、绛色，地部多用茶褐色、棕色、黑色等。花纹色和地色的对比并不强烈，有时还较为接近。如战国时期的凤鸟凫几何纹锦（图 1–25），其图案循环经向 7.2 厘米、纬向 20.5 厘米。西汉织锦与同时期的刺绣织物相比，在纹样表现的自由度及色彩的丰富度上，都显然不及。

图 1-25 凤鸟凫几何纹锦

1982 年湖北江陵马山一号墓出土，花纹条状排列，三条一组，其中两条颜色较为接近。经线共有四种，每条花纹与地各用一种经线色，形成三种不同色彩搭配，织物为平纹经二重结构。

到了东汉、魏晋时期，织锦的织造技术有了显著提升，在色彩配置上，显得明快和鲜艳许多。如尼雅出土的世毋极锦宜二亲传子孙锦（图 1-24）、鱼凫鸭纹锦和蓝地佛像狮纹锦（图 1-26）等，其纹样虽不同，但配色大致类似，均以蓝色为地，黄色、橙红色显花，形成较为强烈的对比色配置。

图 1-26 蓝地佛像狮纹锦

北朝 - 隋，2003 年新疆吐鲁番巴达出土，新疆吐鲁番地区博物馆藏。

② “五”与五色。汉魏时期十分流行的云气动物纹锦大多运用五种色彩。五色锦在色彩配置上可分为两种形式：一是分区型；二是通幅型。分区型是指在经线颜色分条排列的基础上，单一色条区域的经线颜色为三四种，通过增加一条或两条分区，使色彩总数量达到五种，即五色。分区型就是采取了色条牵经工艺而形成的。这种形式的优点是织物整体的经线组数可以保持在四组以下，可以节省原材料，织锦也较为轻薄；它的不足之处是一个完整的纹样有时会同时配置两种色差较大的颜色，容易产生被割裂的感觉。但分区型的多数情况是地色为同一色，花纹颜色分条变换，如韩仁锦（图1-21）。通幅型的五色配置是指织物采用五组不同色彩的经线，交织成表、里层经线比为1：4的五色锦。这种形式的织物总经密大，织造难度增大，费料费时，但可以确保一个纹样用同一种纱线色，纹样配色自由流畅。通幅型五色锦代表了汉晋时期织锦的最高技术水平。新疆尼雅出土的五星出东方利中国锦、恩泽下岁长葆二亲子孙息弟兄茂盛寿无极锦及金池凤锦等，都属于这种类型。

五色织锦中值得探讨的有两个层面；其一是数理“五”；其二是五种具体的颜色。对于数理“五”，它在中华文化中有极为重要的意义。伏羲氏在前人智慧成果的基础上，创八卦做《易象》，后人对《易象》进行文字注解，形成了《易经》。《易经》的主要内容包括理、象、数三个方面。易的根本在于“象”与“数”，象指卦象，数指卦数，同时“数”还包括阴阳、五行。五行的相生相克，又离不开阴阳两种力量的推动。《易》在后来的发展中，分化为河图八卦线和洛书五行线两条支流，两线合流之后成为象数派，后来从象数派中又衍生出人文义理派。《易·系辞传》：“天一、地二、天三、地四、天五、地六、天七、地八、天九、地十。天数五，地数五，五位相得而各有合；天数二十有五，地数三十，凡天地之数五十有五，此所以成变化而行鬼神也。”可见“五”作为一个数对于中华文化的重要性。《洪范·九畴》以五行为核心，将天下划归为九洲。五行以金、木、水、火、土五大行星的运行规律，推演天的运行规律，即所谓的天道。再依据天道同构地道，从地道的五行特性，延伸至人道的五行特性。老子《道德经》第二十五章载：“人法地，地法天，天法道，道法自然。”此说也含有这一层意义。因此，从天上的五行，到地上的东、西、南、北、中央，再到孟子和邹衍把五行引入道德伦理和人类社会历史领域。孟子的五常即仁、义、礼、智、信，邹衍的“五德说”则主张五行相生推动朝代的更替，有德者得天下的思想。可见，织锦纹饰色彩取“五”之数有其深刻的思想渊源和文化内涵。

在“五”的数理观念基础上，将五行与空间上的四方加中央的五方，时间上的四季加春夏季的五季，以及颜色上的黑、白、红、黄、蓝五色都进行关联，并构成一一对应的关系。如木星、东方、春季为青（蓝）色，火星、南方、夏季为红色，金星、西方、秋季为白色，水星、北方、冬季为黑色，土星、中央、春夏季为黄色。

除了上述这些，以“五”为数量的还有与人的身体及其功能相关的内容，如五官、五脏，以及五音、五味等。

颜色上的黑、白、红、黄、蓝五色，通常被称为正色。古人在祭祀或正式隆重的时刻，无论是服装的色彩，还是所用器物的色彩，都要符合正色的要求。在一般场合中，可以略微放宽要求。五色织锦也不一定都用五种正色进行织造。如五星出东方利中国锦（图 1-27），以蓝色为地，红色、黄色、绿色、白色为花纹，其中以绿色取代黑色。新疆民丰尼雅遗址八号墓出土的延年益寿长葆子孙锦，用于白色袍服镶边，为汉晋时期的五色锦。该锦面在绛色地上用蓝、黄、绿、白四色表现纹样，以绛色替换黑色。可以看出，五色织锦中颜色多数出自五种正色，其中一两色有时会选用其他色。不妨可以说，五种正色是汉晋时期五色织锦的基础色，在应用时，可以依设计意图灵活变化，以满足审美的不同需求。

图 1-27 五星出东方利中国锦（笔者摹绘）

1.1.2.2 蜀锦的组织结构

蜀锦的经纬交织结构随着织造工艺的发展而变化，根据历史上出现的先后归纳为如下几种类型：

（1）重经结构。重经结构是指有两组或两组以上经线与一组纬线交织的织物结构。多组不同颜色的经线被分为表经与里经两种，并构成上下重叠关系，因此从织物表面看，只能看到置于最上层的一组颜色的经线，而其他经线都藏于表经之下，如图 1-28 所示。图 1-28 中，有两组不同颜色的经线和一组纬线进行交织，当甲经为表经时，纹样色呈现为甲经色；反之，当乙经为表经时，纹样色呈现为乙经色。从图 1-28（e）可知，该组织结构为甲经显色，乙经藏于背面不显色。

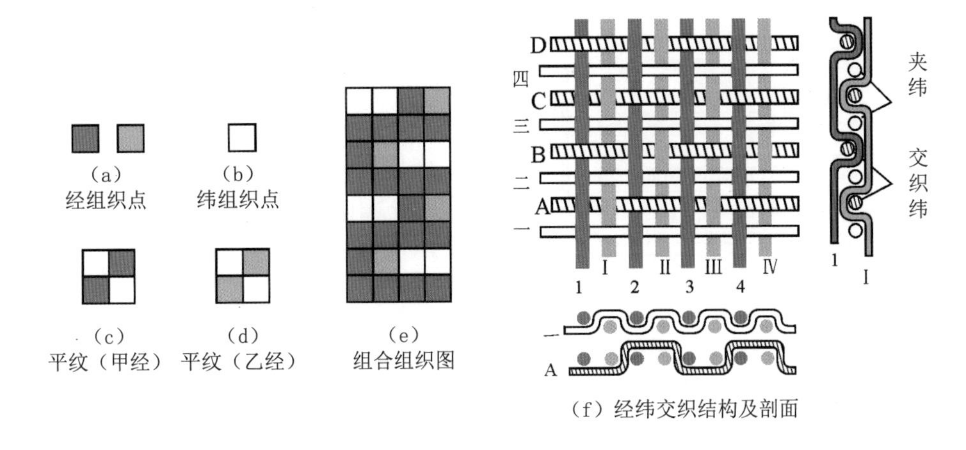

图 1-28 经二重平纹组织结构（表里经排列比为 1:1）

蜀锦中的重经结构有多种变化形式，而变化的因素主要有两个方面：一是经线的数量，即经线根据纹样色彩的多少，有二色、三色、四色、五色和六色等；二是织物组织的不同，如早期蜀锦都是平纹组织，之后出现了斜纹组织。上述两种设计因素结合起来，就形成了丰富的重经结构，如经二重平纹结构、经二重斜纹结构等。

值得一提的是，重经结构的古蜀锦仅为经二重，并未见如多数研究者在其论著中所称的经三重或经四重结构。有两种以上经线色，并不代表在交织结构上就是二重以上的三或四重结构。组织结构上的层叠数（重数）和经线组数是两个不同的概念。比如经线色为四种，如图 1-29 所示，其四组经线的构成比是 1 : 3，即表经是一组，而里经是三组，且这三组里经的交织规律相同，它们之间不存在层叠关系，因此只能算作一层，所以尽管有四组不同颜色的经线，但从交织结构而言，依旧是经二重，并非经四重结构。

那何以一组表经能遮盖住多组里经而不露底呢？这是因为蜀经锦赋予一组纬线两种不同的功能，即将纬线分为夹纬和交织纬两种，其中夹纬负责将显色经线和不显色经线分开，但夹纬既不与显色经线交织，也不与不显色经线交织，所以织物正反两面都看不到夹纬，如图 1-28（f）中的经向截面所示；而交织纬与所有经线交织，形成规律的平纹或斜纹组织结构。

（2）重纬结构。重纬结构是指由一组经线和二组或二组以上彩色纬线交织而成的织物组织结构。蜀锦的重纬结构可以看成是由重经结构旋转 90° 而形成的，如图 1-30 所示。多色经变为多色纬，一组纬变成一组经，就连“夹纬”和“交织纬”也转变为“地经”和“特经”，其功能也一样。地经用于将显色纬线和不显色纬线一分为二，特经与所有纬线进行交织，形成有效的交织结构。

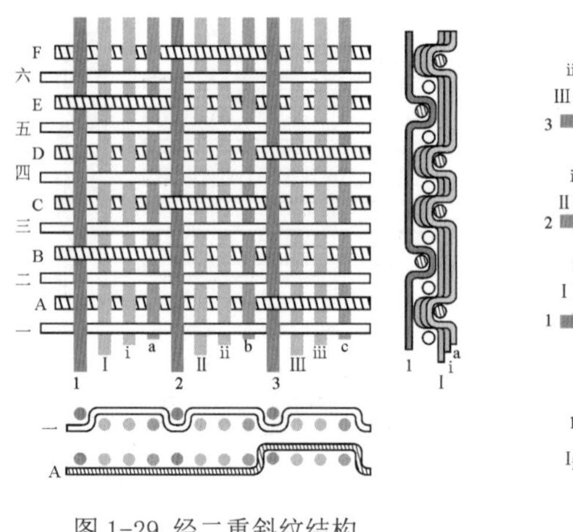

图 1-29 经二重斜纹结构
（表里经排列比为 1:3）

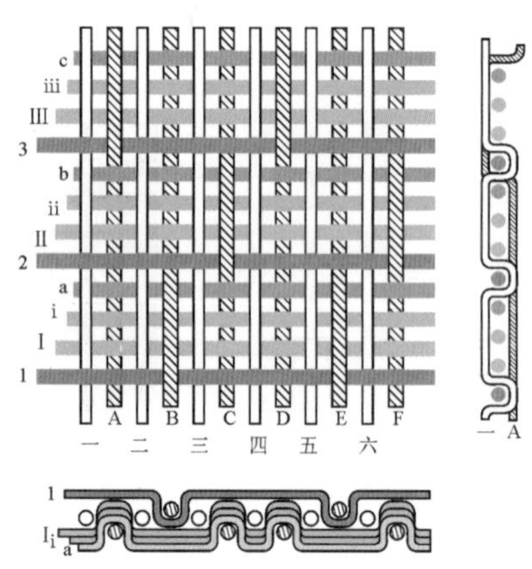

图 1-30 纬二重斜纹结构
（表里纬排列比为 1:3）

清代之前，重纬结构的传统蜀锦一般也都是纬二重结构。重纬结构的变化主要也有两方面：一是色纬的组数，从两组到六组都有，但常见的是 2~4 组色纬；二是地经和特经的比例，常见的有 1 : 1 至 1 : 3，特经比例越少，则特经与纬线交织采用的组织循环数越小，反之则可以采用具有较大组织循环数的斜纹组织。

清晚期，蜀锦出现了一种新的重纬结构形式，其主要特点是经线的功能变得单一了，不再有特经和地经之分，都要与纬线交织。由此，经线色也开始用于纹样色的呈现，尤其是地部主要由经线显色，而花部则主要由纬线显色。如图 1-31 所示的纬二重结构，可以表现两种花纹颜色及一种地色，其中花部为纬二重结构，而地部由甲、乙两纬配合构成一个完整的八枚三飞经面缎纹组织，从结构角度而言，为单层结构。这种重纬结构可以进一步发展为三重和三重以上的多重纬组织结构，如图 1-32 所示，其花部组织即属于纬三重组织结构。

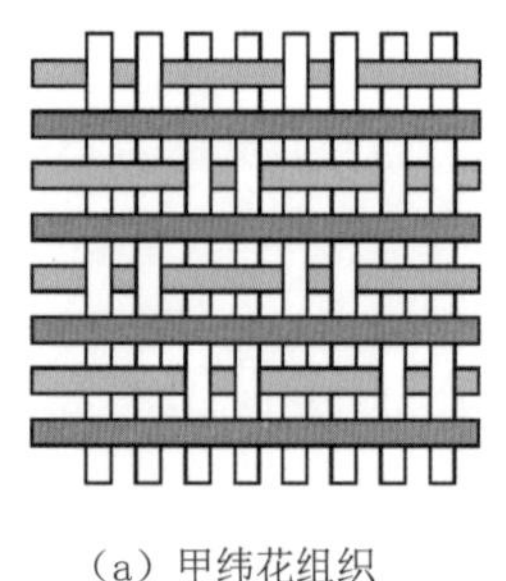

（a）甲纬花组织

（b）乙纬花组织

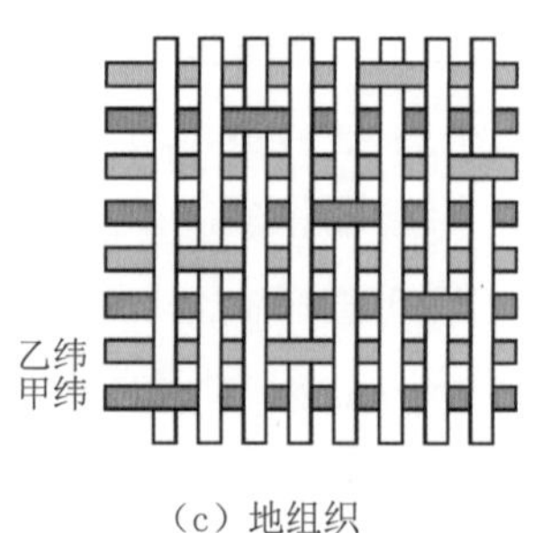

（c）地组织

图 1-31 纬二重结构

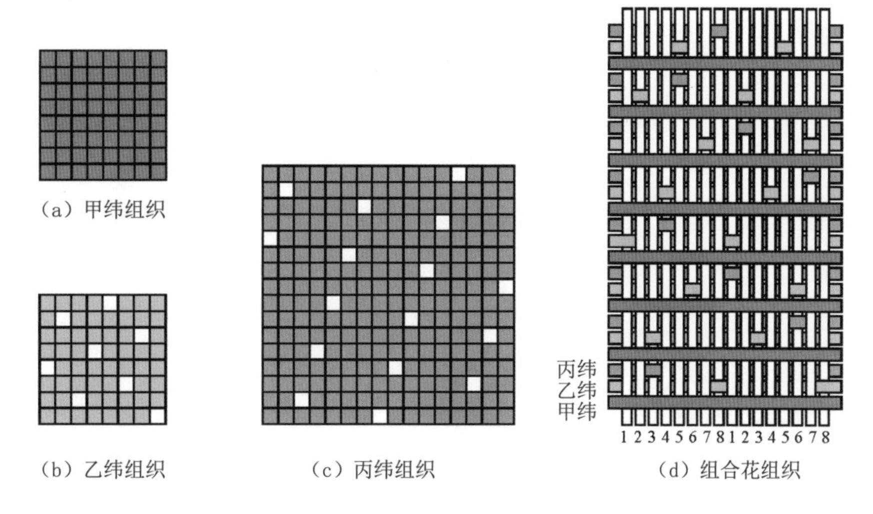

图 1-32 纬三重结构

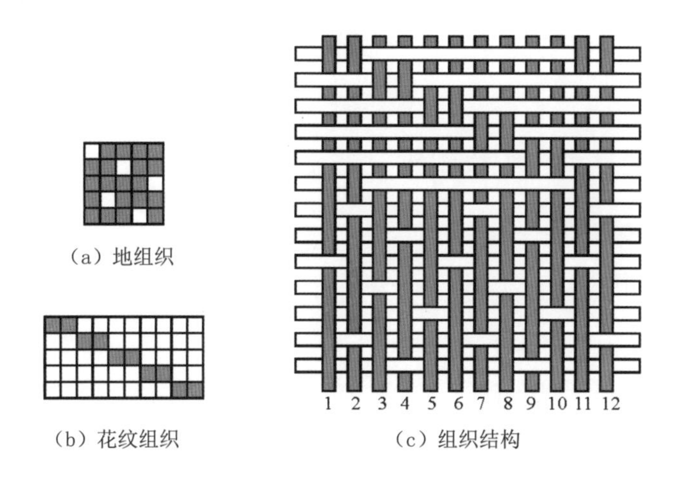

图 1-33 单层结构

此外，宋代之后，从组织结构的角度而言，还出现了采用缎纹和斜纹组织的单层结构的蜀锦。所谓单层结构，是指由一组经线和一组纬线交织而成的织物组织结构。落花流水纹锦就是单层结构蜀锦的典型代表，如图 1-33 所示。传统单层结构的蜀锦可以表现花纹色和地色两种颜色，但为了丰富色彩效果，单层结构蜀锦可结合分条牵经工艺，获得多彩配色，如几何杂宝晕裥锦。

1.2 古朴典雅：苏州宋锦

织锦是两宋丝织产品中的主要品种。北宋时期，锦的主要生产区域仍是黄河下游的中原地区和四川巴蜀；南宋时，黄河下游的丝织重镇已在金的版图内，“锦”全由巴蜀生产。在两宋时期，四川成都是上贡织锦的主要产区，在这一意义上，宋代织锦与四川蜀锦有重合的一面。元代陶宗仪的《辍耕录》中记载了宋代织锦约四十种，其中名贵的“八达晕锦”就是成都官府丝织作坊织造的上贡织锦，还有“天下乐锦”和“翠毛狮子锦”，它们也是皇帝赏赐大臣的织锦。宋代还生产了大量用于书画、条屏、条幅等装裱的织锦。古代苏州宋锦，首先是指产地为苏州的织锦，其次是与真正的宋代织锦有一定关系，但又不是严格意义上的宋代织锦。因为在两宋时期，苏州的织锦最多处于向蜀锦匠人学习的阶段，还未形成自身的特点。经过元代较为稳定的发展，到了明代，苏州生产的宋式锦，或者说是仿宋锦的织锦产品，形成了自身的纹饰风格和工艺特色，并且品类逐渐完备。清康熙年间，苏州机房又仿照宋代装裱的《淳化阁帖》所用的二十二种织锦花样，并改进了织物组织结构，织造出具有早期宋代织锦风格的仿宋锦产品。自此，苏州宋锦（仿宋锦、宋式锦）的名称沿用至今。总之，明清时期的苏州宋锦，无论在纹样风格还是在织物组织结构方面，或织造工艺方面，虽然与真正在宋代生产的织锦有所不同，但其在某种程度上又保留和发展了宋代织锦的纹样风格、组织结构和织造技艺。

1.2.1 苏州宋锦的品种与织物组织

1.2.1.1 苏州宋锦的品种

苏州宋锦根据用途和风格的不同，可分为四类，分别为重锦、细锦、匣锦和小锦，也有将重锦和细锦统称为大锦的。

（1）重锦。重锦是苏州宋锦中最贵重、精美的品种，通常由染色的熟蚕丝为经、纬线交织而成，并采用金线表现主花纹，或者对主花进行包边处理等，使织物更显富贵。重锦质地致密厚重，色彩层次丰富，纹饰造型多变，主要用于宫殿、室内的各类陈设品，如佛像画、靠垫等。

（2）细锦。细锦是最基本、最具代表性的苏州宋锦品种，其在纹样风格和工艺上与重锦类似，但所用丝线较细，且纬线的组数较少。因此，为了增加织物外观效果的丰富性，常对细锦的地经和面经的配置比例、织物组织结构进行变化设计，甚至对其中的一组或两组纬线进行换道彩抛，从而在不增加织物厚度的前提下丰富纹样配色。这一组或两组纬线通常是排列在最后面的。细锦不仅更易于织造，厚薄适中，其用途也更广，主要用于服装及服饰，也用作被面、帷幔，以及书画、高档礼品的装帧等制品，如八达晕细锦和盘绦填花细锦（图 1-34）等。

图 1-34 盘绦填花细锦（笔者摹绘）

（3）匣锦。匣锦是一种质地较稀疏的苏州宋锦品种，由桑蚕丝、棉纱和不加捻的丝绒或加弱捻的蚕丝交织而成。匣锦通常采用三组色纬织制，其中两组色纬常织，而一组色纬做彩抛换色，起点缀花色的作用。匣锦织物的色彩对比强烈，风格较为粗犷，一般用于中低档书画、礼品盒、屏条的装裱等。

（4）小锦。小锦大多为无花纹的素织物或单层小提花织物。从纱线原材料角度而言，小锦以染色的熟桑蚕丝为经线，与未脱胶的生丝交织而成。由于小锦采用生丝做纬线，为了使织物手感柔软且有光泽，通常采用一种特殊的石头对其进行研光处理。小锦适用于精巧的小型工艺品盒的装裱，如扇盒、银器盒等。

1.2.1.2 苏州宋锦的织物组织与结构

苏州宋锦的织物组织结构源于蜀锦，而早期蜀锦属于以经线起花显色的经锦，但到了唐代，织锦出现了以纬线显花的设计与织造技艺，因此苏州宋锦既保留了经线显色，又结合了纬线便于换色显花的设计优势，形成了其特有的新结构。苏州宋锦的基本组织为三枚斜纹，其中三枚经面斜纹为地组织，三枚纬面斜纹为显花组织。此外，也有少数苏州宋锦的地部为六枚不规则经缎组织，显花部分仍为三枚纬面斜纹组织。

（1）重锦和细锦。苏州宋锦中的重锦和细锦，均采用两组经线和多组纬线交织而成。经线中的一组称为地经，主要用于起地色和花纹的包边；另一组称为接结经或特经，用于纬线浮长的接结。由于经线功用的差异，在原材料方面，地经通常为经过精练染色的合股桑蚕丝，而接结经一般为单根生蚕丝或较细且色浅的熟丝；在排列比方面，地经比接结经通常为 3 : 1，也有 2 : 1、4 : 1 或 6 : 1 等，比值差距越大，则显色纬线浮长越长。

苏州宋锦纬线的组数选择，主要根据纹饰的复杂程度及用色数量进行。重锦一般采用 4~6 组色纬常织，并结合 1~3 组色纬换道彩抛；而细锦通常采用 2~3 组色纬常织，加 1 组色纬彩抛换色。

重锦和细锦是代表苏州宋锦织造水平的品种，两者之间的主要区别在于，前者的纬线组数多于后者，尤其是用于彩抛换色的纬线组数也要多一些，似乎前者更复杂，但从经纬交织结构的规律来看，两者是相同的。下面以三组色纬的纬重苏州宋锦为例，进行织物组织及其交织结构的介绍。

首先来看这种结构的纬重苏州宋锦的经纬线交织构造，如图 1-35 所示。其经线分两组，由地经和接结经（面经）组合构成，地经与面经排列比为 3 : 1，即三根地经间隔一根面经，如此反复。以三枚斜纹为基本组织，那么经向一个完整循环含 12 根经线。因为面经要实现一个三枚斜纹组织结构，所以需要三根面经，与此同时，每两根面经之间有三根地经，因此三根面经加九根地经就有了 12 根经线。纬线有三组，其排列比为 1 : 1 : 1，按固定的秩序投纬，由于基本组织为三枚斜纹，纬向一个完整循环含 3×3 根纬线。由此可知，地经和面经的排列比为 3 : 1 的重纬苏州宋锦，其一个完整循环的纱线数为 12×9 根。

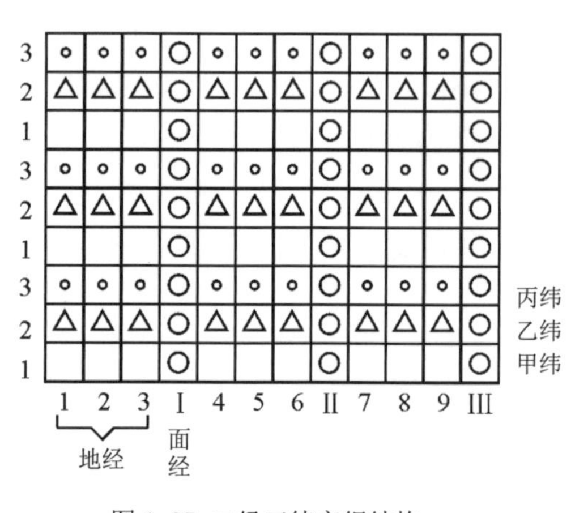

图 1-35 二经三纬交织结构

明确了经纬线的排列规律之后，再来看具体的各经纬线的交织关系，就比较容易理解了。一般而言，传统织锦类织物都有两种主要组织：一是地组织；一是花组织。地组织通常只有一种，而花组织种类数则根据起花的色纬组数确定，如纬二重织锦的花组织至少有两种。但是，纬线组数并不直接等于纬重数。在这一点上，传统蜀锦和苏州宋锦是一样的。三组色纬的织锦，其组织结构仍有可能是纬二重结构，因为当三组色纬中有一组显露于织物表面时，其余两组色纬通过相同的组织被引入同一个梭口，相当于把两根纬线合成一根使用，其结果只是纱线变粗了，而在重组织结构上并没有增加一层。

苏州宋锦中的重锦和细锦在组织结构的设计思路上是相同的，地组织一种，花组织两种，其中地纬显色一种，纹纬显色一种。先看地组织。苏州宋锦的地组织由一组地经和多组色纬中的一组进行交织，通常为甲纬，此时的甲纬作为地纬。人们在织物表面看到的，主要是地经和甲纬交织成的三枚经面斜纹组织，如图 1-36（a）所示。但是，这只是人们在织物表面看到的主要部分。此外，还要处理地经和其他纬线，以及面经和其他纬线的交织关系。通常，需把握一个原则：当有一组经线或一组纬线显色时，要把其他纬线都隐藏起来，使它们不显露在织物正面。若地经和甲纬交织成三枚经面斜纹结构，要想其他组纬线都不露出来，应使所有地经都盖在这些纬线上面，即要用经组织点来满足此需求，如图 1-36（c）和（e）所示。最后是面经和多组色纬的关系。面经和纬线的关系比较简单，其特点：一是无论纬线有多少组，每组纬线和面经交织的组织都相同；二是它们的组织与地组织通常为正负关系，即地经和甲纬交织成三枚斜纹的经面组织时，则面经和纹纬交织成三枚斜纹的纬面组织，见图 1-36（b）、（d）和（f）。把地经和所有纬线的组织代入图 1-35 中的“地经”区域，再将面经和所有纬线的组织铺入“面经”区域，最后完整的地组织如图 1-36（g）所示。

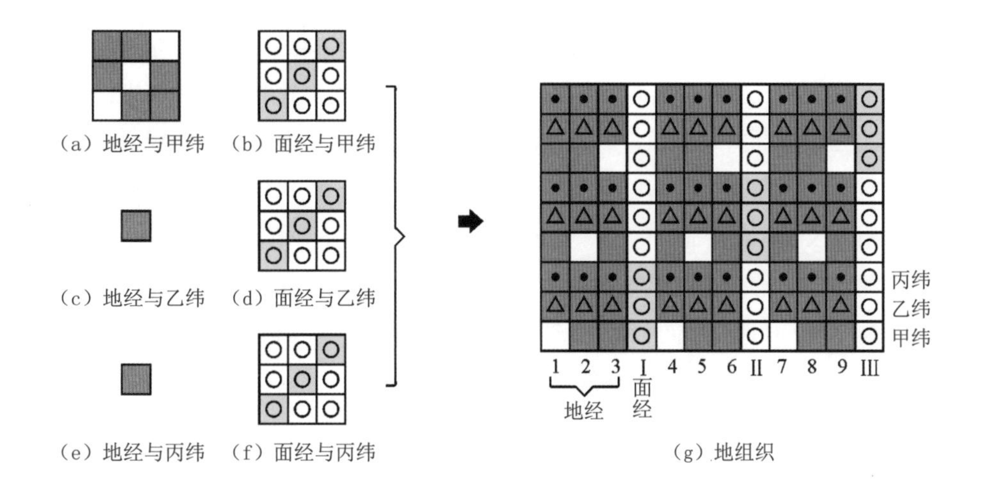

图 1-36 二经三纬地组织结构

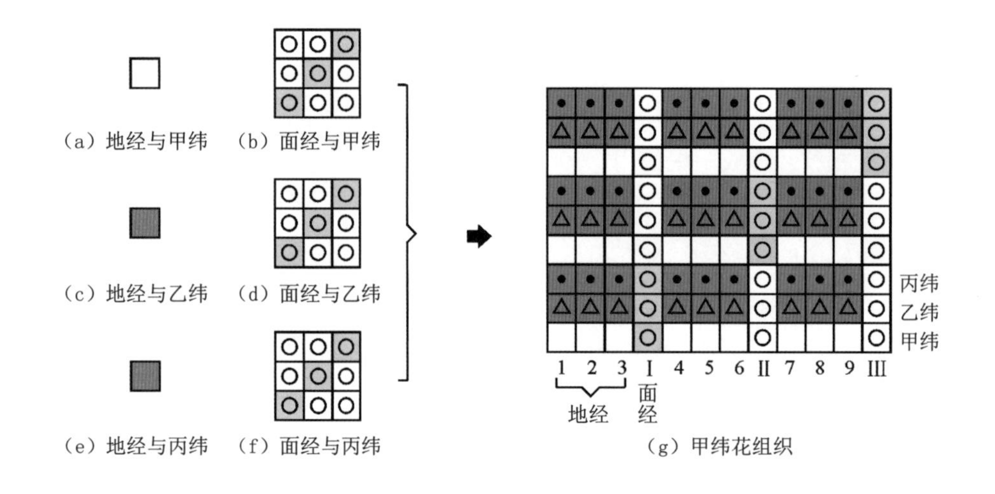

图 1-37 二经三纬甲纬花组织结构

三组色纬的纬重苏州宋锦的花组织有两种：一种用于甲纬（地纬）起花显色；另一种适用于乙、丙纬的起花显色。从组织结构的立体层面看，一种花组织由表组织和背衬组织组合而成。当甲纬（此时作为纹纬）显色时用表组织（纬浮长），乙纬和丙纬同时藏于地经之后，且不与地经交织，形成纬二重结构。当乙纬用表组织显色时，甲纬与地经交织藏于中间，丙纬藏于地经之后，形成纬三重结构。丙纬的交织规律与乙纬相同。除了作为地纬的甲纬与地经交织，其他色纬都不与地经交织。将上述组织铺入三纬交织结构示意图中的相应区域（图 1-35），产生完整的甲纬花组织展开效果，如图 1-37（g）所示。可见，地纬单独起花显色时，在织物组织结构上属于纬二重结构。

第二种花组织以乙纬为例。当乙纬起花显色时，乙纬与地经的关系是全纬组织点，而它与面经交织成三枚纬面斜纹，见图 1-38（c）和（d）。这时，甲纬与地经交织成一上二下的三枚经面斜纹组织，丙纬全沉于地经之下；甲、丙两纬与面经交织的组织相同，同时也和显色纬（乙纬）与面经交织的组织一样。将六种组织代入展开组织结构图中的相应区域，获得完整的乙纬花组织，如图 1-38（g）所示。

丙纬花组织和乙纬花组织基本一致，从组织结构来看，只是丙纬和乙纬的上下沉浮状态相互对换，其他都相同。此外，还需要提一下的是，如果丙纬为彩抛换色的纬线，可根据设计换成其他颜色，但丙纬的交织结构始终不变。

（2）匣锦。匣锦的组织结构为纬二重或纬三重，即同一织物中，部分区域为纬二重结构，甲、乙纬或甲、丙纬组合，两组纬线的排列比为 1 : 1；另有部分区域为纬三重结构，甲、乙、丙纬组合，三纬排列比为 1 : 1 : 1。其中，地组织表层为六枚不规则经面缎纹组织，由甲纬和经线交织而成，背衬乙纬或丙纬。在起花部分，表层为乙纬

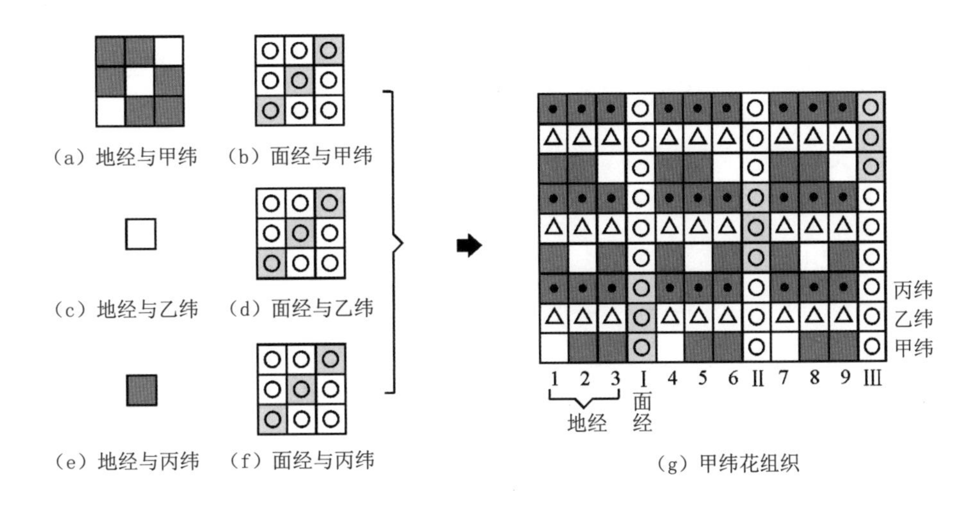

图 1-38 二经三纬乙纬花组织结构

或丙纬浮长，背衬六枚经面缎纹组织；或表层为乙（丙）纬浮长，中间为丙（乙）纬，再背衬六枚经面缎纹组织。丙纬也可以像细锦那样进行分段抛道换色，以增加织物的色彩数量。

匣锦的特点可以概括为三点：一是从纱线原材料的配置而言，经线为桑蚕丝，但三组纬线中有一组为棉纱；二是经线只有一组，没有地经和面经之分；三是乙纬和丙纬有一定的分工，乙纬主要用作几何地纹的纹纬，丙纬用于起主花纹。匣锦与重锦、细锦的相同之处是，甲纬也是所有纬线中最细的，并与经线交织成地纹。

（3）小锦。小锦主要是由一组经线和一组纬线交织而成的单层纹织物，经线显花，其组织结构有缎纹、变化斜纹，以及小提花等几种。

1.2.2 苏州宋锦的纹饰与织造工艺

1.2.2.1 苏州宋锦的纹饰风格

苏州宋锦是明清时期仿宋代织锦纹样风格而织造的，虽为明清时期织制，但以仿宋代织锦图案风格为特点，因此其纹饰与色彩有着宋代织锦纹样的时代特点，至少在明清时期的仿制者看来，两者是具有一定的相似度的。

根据出土的北宋时期织锦，其纹样既有延续隋唐中原风格的，如重莲纹锦和团窠类纹锦等；也有波斯、中亚风格的，如灵鹫毬路纹锦和毬路双羊纹锦等。宋代中后期的织锦纹饰，体现出宋代特有的写实风格。宋代花鸟画的兴起，为织锦纹样的题材选择和设计提供了样本，各类写生花也出现在织锦上。在纹样的组织样式上，有缠枝式、折枝式，以及将各类纹样组合在一起形成的组合性纹样，如将莲池、荷花、杂花、水鸟等组成池塘小景的满池娇，还有春山纹、秋山纹等。除了写实风格的动植物纹样之外，还出现了与节日相关的器物纹样。如灯笼纹锦中的灯笼纹样，既有独特的元宵灯节的节日氛围，又可通过与其他题材进行组合，形成富有美好寓意的吉祥纹样。如五谷丰登灯笼纹锦上的灯笼和五谷纹样的组合设计，还有以灯笼图案为主的天下乐锦，其上的纹样也是采用这种思路设计的。

尤其值得一提的是，在苏州宋锦中，几何纹表现异常突出，常见的几何纹有锁子纹、方胜纹、龟甲纹、万字纹、工字纹等。这些几何纹样通常被赋予一定的吉祥寓意。如方胜纹中的“胜”就是古代妇女的一种首饰，“方胜”是将两个菱形叠套在一起而形成的纹样，被赋予“同心双合、彼此相通”的吉祥寓意。再如龟甲纹，寓意“坚实、牢不可破”；万字纹，寓意“连绵不绝、万年不断”等。上述这些都是单一几何纹表达的寓意，还有借助几何型骨架表达的寓意。此时的几何纹不仅作为装点锦面的纹饰，而且作为分配、规划纹样画面空间的骨架，使苏州宋锦纹饰体现出规则有序、层次丰富、繁而不乱的时代特点，如四达晕、六达晕、八达晕等。如八达晕纹样，其主纹样采用莲花、灵芝、牡丹、仙桃等形象，先将这些主纹样嵌套在八边几何形中，然后将八边形主纹样置于米字形连线的交点上，再在由米字分割出来的八块地部空间内填入各类规则几何纹。八达晕纹样不仅构思巧妙、纹理精美，而且寓意“人生道路八面畅通、路路通达”。

除了从历史和整体的角度，还可以从苏州宋锦的不同品种类别层面，阐述其纹饰风格。不同品类的苏州宋锦由于其用途不同，所以在纹样题材与配色上形成了各自的品类风格。

（1）纹样。一是用于皇室宫廷陈设的装饰性卷轴、挂画等。这类苏州宋锦属于重锦类，表现题材主要是佛像、净土变和花鸟画等，最能体现苏州宋锦的技艺水平和工艺特色，所以制作极为精良，通常选择写实、色彩丰富的纹样。如明代织造的“大威德金刚唐卡”，现藏于美国纽约大都会艺术博物馆。此件唐卡织锦高 146 厘米、宽 76 厘米，金刚有 9 头、34 臂、16 足，是文殊菩萨的化身，以棕黄、深蓝为主色，色彩对比强烈。

乾隆时期的极乐世界图轴（图 1-39），在石青色地上，用大红、木红、粉、浅米、葵黄、鹅黄、米黄、橘黄、深蓝、墨绿、浅绿、玉、白、浅灰、黑、紫、赤圆金、黄圆金等 19 种色纬，表现了 278 个形神各异的佛像人物。此件织物长 448 厘米、宽 196.5 厘米。该织锦图轴的画稿传说为清宫廷画家丁观鹏（1708—1771 年）所绘制。画面采用左右对称式构图，从下到上可分为四层。最下面一层为九品莲池，池中前侧有一喷泉，左右两侧各有四尊菩萨坐于莲花座之上，第九尊菩萨被安排在靠近莲池中间的台阶处。第二层是莲池之上的平台，上有菩萨、力士、神将、罗汉、歌伎乐队等，左右排列。第三层为一佛二菩萨，中间莲台宝座上坐着佛祖，其两旁分别坐着观音和势至菩萨，其间对称穿插六组 5~10 尊站着的菩萨。第四层为从佛祖的华盖顶部向上延伸出十道佛光，放射状佛光上有 82 尊菩萨，背景为一多层建筑物。在色彩表现上，除了平面色块之外，巧妙采用退晕技法，形成色彩上的渐变效果，并利用了勾边和色彩反衬等手法。整个画面色彩既层次丰富，又和谐统一；图地分明，细节刻画细腻。它是清代重锦类织锦画中的稀世之作。

图 1-39 极乐世界图轴

此外，还有用于宫殿中各式龙椅、宝座上的铺垫类织物，以及用于靠背、扶手的苏州宋锦等。这些织物一方面需要根据适用对象的具体尺寸确定，另一方面需将纹样装饰在特定的部位，所以通常采用织成的设计手法；而在纹样内容上，则多采用云龙、云蝠、夔龙、缠枝花，以及锦地开光类纹样等。

二是用于珍品书画装裱、经书封面、幔帐、被面及衣料等。这类苏州宋锦为重锦和细锦的匹料，是苏州宋锦中应用最广的一类，同时也是表现题材极为丰富的品类，既有牡丹、莲花、梅花、菊花等四季花卉，以及桃子、石榴等果实纹样；又有龙、凤、麒麟、鹿、仙鹤、鱼、辟邪、蝙蝠、鸳鸯等自然界存在的动物纹样和人类想象的灵禽异兽纹样；还有灯笼、“八宝”及“暗八仙”等器物纹样；以及百子、婴戏等人物纹样。此外还有各类几何纹、水纹、云纹等。这些纹样中，除了花卉类纹样，还有几何类纹样，无论在使用的量上，还是体现苏州宋锦的纹样特色上，它们都发挥了重要作用。

（2）配色。不同品种的苏州宋锦，不仅在纹样题材上各有侧重，在色彩处理上也体现较为显著的差异，而这些差异在多数情况下是有意为之的结果，这体现了设计上的针对性和按需设计。重锦的配色特点是多彩加金，是苏州宋锦中色彩数量最多、配色最丰富、最贵重的品种。如清康熙时期的鳞纹地宝相花纹重锦（图 1-40），其地经、地纬和面经均为月白色，其他纹纬有墨绿、草绿、湖、玉、宝蓝、沉香、黄、雪青、棕黄、粉红、浅粉、白、金等十三色。

图 1-40 鳞纹地宝相花纹重锦（笔者摹绘）

细锦的配色特点是多彩，但一般不使用金线，色彩数量相对重锦要少一些。从配色方法而言，细锦与重锦类似，主要分地纹和主花纹配色两项。地纹配色又可细分为两种：一是同类色配置，即同一色相的明度变化，如深蓝色、蓝色到淡蓝色的变化；

二是类似色的深浅变化配置，即在色相变化的基础上结合明度变化，如墨绿、果绿和黄绿的组合配置。主花纹的配色往往与地纹色彩构成对比色关系，以突出主花纹的主体性。重锦还采用金色、黄色、白色进行勾边处理。如在宋代极为流行的“落花流水锦”，以褐色、茶色、绿色和黄色的色彩组合，体现了淡雅柔和的文人气息和士大夫追求风雅的审美趣味。

匣锦的配色总体上比较鲜艳，对比强烈，色彩数量较细锦更少一些。匣锦的地色常用金黄色，地纹用黑色，主花纹用大红、翠绿、孔雀蓝等色，极为明亮艳丽。小锦的配色一般有两类：一是经向彩条类，如红、橙、黄、绿、青、蓝、紫等七彩条纹；另一类为双色织物，一般采用深浅两色组合，如黑白或橙紫等，总体较为暗沉、低调。

1.2.2.2 苏州宋锦的特色工艺

苏州宋锦的主要特色工艺可概括为两方面：一是经线和纬线共同显色；二是纬线的分段换色。经、纬线均用于显色是苏州宋锦的一大特点，但两者发挥的作用是有区别的。由于苏州宋锦由两组经线和多组色纬交织而成，在图案色彩的表现方面，经线主要呈现单一的地色，而纹样色主要由纬线呈现，因此纬线的贡献较大。经线虽然有两组，但其中被称为“面经”的一组经线主要用于固结纬线，不致力于显色，只有被称为“地经”的一组经线才用于表现地色。

纬线分段换色这一工艺，也被称为苏州宋锦的“活色”技艺。经线一旦通过牵经加工形成织轴，并被装上织机之后，就不能再做改变，而变换纬线则易于实现，这也是我国传统织锦从经锦发展为纬锦的主要原因之一。苏州宋锦的纬线分段换色工艺，就充分利用了纬线容易变换这一优势。苏州宋锦的纬线分段换色有两方面的特点。一是纬线有三种状态，分别为常织（长抛）、彩抛（短抛）和特抛。常织即纬线通贯全幅，中间不间断，也不换色；彩抛为分段换色的纬线，全幅分段连续贯穿；特抛则指纬线有时有，有时没有，根据需要确定。因此，苏州宋锦每段的纬重数可以不相同，但一般相差仅为一组。二是因传统苏州宋锦由手工织造，彩抛和特抛的纬线色可以做到通幅每段都不相同，即分段逐花异色，这是十分奇异的意境。但异色并非全部纬线色都不同，而是部分（通常为 1~3 组）不同。

1.3 华美重彩：南京云锦

南京云锦始于元代，盛于明清。云锦是在元代织金锦技术基础上发展起来的，由元、明、清三代在南京设立的官办机构，以及民间机构织造的，具有地方特色的皇室御用贡品。“云锦”之名始于清代晚期，是南京生产的各类提花丝织物的统称，因其不仅用料考究、纹饰精美、配色富丽，而且大量用金，犹如天上云霞般绚丽多彩而得名。

1.3.1 云锦的品种与组织结构

1.3.1.1 云锦的品种分类

传统云锦的品类较多，主要有库缎、库锦和妆花三类。

（1）库缎。库缎因其上贡之后存于内务府的“缎匹库”而得名，其另外一个重要的特点是，织物主要运用缎纹组织，而不是平纹和斜纹组织。库缎又可分为本色花库缎、地花两色库缎、妆金库缎、金银点库缎和妆彩库缎五种。

① 本色花库缎和地花两色库缎。本色花库缎是指经、纬丝线同色的单色提花织物，利用花、地组织的不同使纹样显现，而不是通过丝线颜色的不同来区别纹样与地部，因此通常先织再染色。本色花库缎又称为“暗花缎”或“摹本缎”。

地花两色库缎又可细分为两种：一种是单层地花两色库缎；另一种是纬二重地花两色库缎。单层地花两色库缎是指经、纬丝线异色的单层提花织物，即经线一色用于显地色，而纬线一色用于显花色，其花纹与地部既有织物组织的差异，又有颜色的区别。但由于无论是地色还是花色，都是由经、纬两色丝线交织而成的，如果地色主要由经线色产生，则花色主要由纬线色构成，或反之，因此地色和花色的呈现效果都不是很纯，随着观看角度的变化会产生闪色效应，所以也有学者将其称为“闪缎”。纬二重地花两色库缎是指由一组经线与两组纬线交织而成的纬二重提花织物，但两组纬线中，甲纬与经线同色，乙纬为其他颜色。经线与甲纬交织形成地色，背衬乙纬，而纹样色由经线和乙纬交织产生，背衬甲纬，因此织物表面呈现的也是花、地两色效果。纬二重地花两色库缎一般比单层地花两色库缎厚实，且地色较后者纯净。另外，两种地花两色库缎都属于色织产品，即经、纬线都要先经精练、染色，再进行织物的织造。如黑地红纹龙凤串枝纹锦（图 1-41），其地部为黑色五枚经缎，花纹部分为红色五枚纬缎。

图 1-41 黑地红纹龙凤串枝纹锦

② 妆金库缎和金银点库缎。妆金库缎是指在本色花库缎的基础上，局部采用金线装饰的库缎。比如采用传统图案“五蝠捧寿”织制的妆金库缎，其上的所有蝙蝠纹样以同色的经、纬线织成本色花，而“寿”字用金线起花。再如“缠枝宝相金八宝”妆金库缎，缠枝宝相的枝叶和花瓣部分采用同色的经、纬丝线织成本色花，而宝相花的中心部分用金线起花，不仅丰富了纹样的层次，突出了主题，也使织物更显贵重。

金银点库缎在设计方法上与妆金库缎基本相同，其主要区别在于，装点局部的纹样采用了金、银两种线。

③ 妆彩库缎。妆彩库缎是指在本色花库缎和地花两色库缎的基础上，部分花纹采用彩色丝绒线显色的库缎。如由“凤穿牡丹”图案构成的妆彩库缎，其上的凤鸟部分由同色的经、纬线织成本色暗花，而牡丹花部分采用几种彩色纬线起花；织物远看好似彩枝朵朵，近看则是不同飞姿的凤鸟若隐若现穿梭于花间。这是基于本色花的妆彩库缎。利用同样的图案，也可以织成花朵为花、地两色，而凤鸟为多彩换色的妆彩部分。

五种库缎之间的关系如图 1-42 所示。为了解释方便，把“本色”换成“花地同色”，它们之间的设计关系就显得清晰了。花地同色库缎和花地两色库缎可以看成是两种基本类型，妆金库缎、金银点库缎是在花地同色库缎的基础上，对花部进行再修饰而产生的库缎品种。妆彩库缎既有在花地同色库缎上进行妆彩，也有在花地两色库缎上进行妆彩的。再者，妆彩库缎采用的是彩色丝线，而妆金库缎和金银点库缎使用的是金、银线。

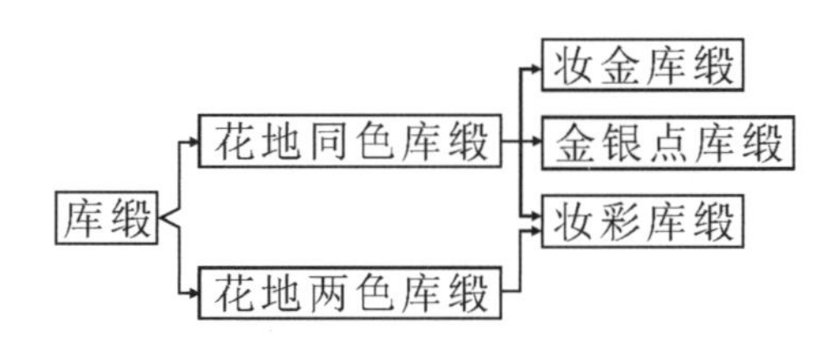

图 1-42 五种库缎的关系

（2）库锦。云锦中属于库锦类的品种较多，主要有织金库锦、彩花库锦、抹梭妆花和芙蓉妆等几种。

① 织金库锦和彩花库锦。织金库锦的花纹全部用金、银线织出，一般以金线为主，小部分用银线。如花纹全部由金线或银线织造，而地部呈现经线色的蓝地长圆寿织金库锦（图 1-43），为了充分发挥金线和银线的原材料价值，在纹样设计上，通常为满地花纹，地色较少。由于只有花、地两色，地色既有勾勒花纹造型轮廓的作用，又能表现花纹内部的装饰纹理线。因此，织金库锦的花、地两部分都没有太大的块面形状。织金库锦主要用于衣物领边的镶嵌、帽子和垫子的包边等，从使用方式上也可见其价值不菲。彩花库锦既用金线，也用彩色丝绒线；彩花部分有通梭彩织，或者是通梭和分段换色结合。彩花库锦整体用色不多，但锦面效果精丽悦目。

② 抹梭妆花和抹梭金宝地。抹梭妆花属于大花纹彩锦，有用金线和不用金线两种。所谓抹梭，是指通梭彩织，而不是挖花盘织。抹梭妆花，从组织结构上看，属于重纬提花织物，需要起花显色的纬线浮于织物表面，不显色的丝线交织于织物背面。抹梭妆花也采用逐段换色的织造工艺，同一色段大多含四组或五组色纬，不同色段的总色纬数相同，同时每个色段一般有一组或两组色纬相同，与地色一起发挥统一织物色彩的作用。如一匹折枝写生花抹梭妆花，其全幅用深、浅两种茶褐色织出枝梗和叶片，花头则用不同彩纬分段换织，织物纹饰色彩效果兼顾了变化与统一。

图 1-43 蓝地长圆寿织金库锦

抹梭金宝地的织造和配色方法，均与抹梭妆花一致，不同的是，前者用捻金线（圆金线）织满地，再彩织纹饰，而后者是在缎地上织彩。因此，无论是织物背面的平整度，还是分段彩抛形成的背部条状效果，两者都是一样的，只不过金宝地使织物显得更加金碧辉煌，如图 1-44 和图 1-45 所示。

图 1-44 黄地织金百花金宝地

图 1-45 鲤鱼戏水金宝地

③ 芙蓉妆。芙蓉妆是一种配色相对简单的大花纹织锦。这种织锦既不用金线包边，也不用有深浅变化的类似色或同类色表现纹饰的色彩层次。纹饰的花、枝、叶各部分都各用一色的块面表现，不做进一步的细节刻画。除地色外，几组纬线通过分段相互组合，获得配色变化效果。如整幅织物共有五种色纬，其中 1~2 种色纬通幅常织，余下几种分段出现，每段依次出现一种，全部轮流之后，再次循环往复。由于芙蓉妆的彩纬不多，因此织物显得平整轻薄，色彩明快、单纯。采用这种配色方法的织锦，其图案一开始多为芙蓉花，后来将采用这一织彩方法的织物都称为“芙蓉妆”。

（3）妆花。“妆花”是云锦的一种织造技艺，即用装有彩色丝线的小梭子，对织物的局部纹饰进行挖花盘织。只要是运用这种织造方法制成的提花丝织物，均被称为“妆花”。由于妆花这一织造技法主要用于表现花纹，而地部一般由通经通纬织造，所以妆花类云锦有多个品类，如妆花纱、妆花缎、妆花罗、妆花绢等。另外，妆花有用金线的，也有不用金线的。

妆花织物一般用色多，色彩变化丰富，这也是这种织造技艺的主要优势。妆花织物图案的主体纹样通常使用二三个层次的色彩，而枝叶等辅纹样则用单色表现，如一幅为四花，其整体配色可多达十几色至二三十色。妆花用色虽多，但其配置均统一和谐、繁而不乱，如图 1-46 和图 1-47 所示。图 1-47 中三朵完整的莲花，其配色效果都不相同，而缠绕在花朵外围的枝干则由同一种纬线色表现，并且通幅保持一致。

图 1-46 红地织金吉庆双鱼妆花缎

图 1-47 绿地缠枝莲妆花缎

云锦的这些品种在命名上并不十分科学。比如，“妆花”是指采用了挖花盘织工艺织造的品种，然而五种库缎中有妆金库缎、妆彩库缎，还有属于库锦的抹梭妆花、芙蓉妆，其名称都带有“妆”字。从抹梭妆花、芙蓉妆的相关描述来看，它们应该是采用通梭织造的，而不是用挖花盘梭织造的。从各种文献资料上看，对于妆金库缎、妆彩库缎，都没有明确说明它们采用的是通梭织造还是挖花盘织。鉴于上述情况，笔者将云锦品种按投梭工艺、花型大小和用金情况进行分类，梳理如下：

首先，按投梭工艺情况，分为通梭织造和挖花盘织两种。通梭织造类：花地同色库缎、花地两色库缎、织金库锦、彩花库锦、抹梭妆花、抹梭金宝地和芙蓉妆；挖花盘织类：妆花缎、妆花罗、妆花纱、妆花绢、妆花锦等，即地部用通梭织造，而花部都用挖花盘织的云锦。

其次，按花型大小，分为小花型和大花型两种。小花型类：彩花库锦。大花型类：织金库锦、抹梭妆花和芙蓉妆。

最后，按用金情况，分为花部全用金、地部全用金和花部点缀用金三种。花部全用金类：织金库锦；地部全用金类：抹梭金宝地；花部点缀用金类：妆金库缎、金银点库缎、彩花库锦。

云锦是三大名锦中最后出现的具有区域性、时代性特征的传统织锦，在织造工艺上可以说是集我国传统织锦工艺之大成，灵活运用了通梭常织、分段换色和小梭子挖花盘织等工艺，并在用料上结合了金银线、彩色丝绒线和孔雀羽毛等天然特殊线材，同时在织物组织和结构上，初步形成了花、地分离考虑的设计方法。如妆花就有五种以上不同地部结构的品种，形成了品类丰富的妆花系列云锦。

1.3.1.2 云锦的组织结构

云锦以缎纹组织为主，不同类别的云锦有不同的组织结构。

（1）库缎的组织结构。本色和单层结构的二色库缎，利用花、地组织的不同，使图案得以显现，其中经线一色用于显地色，纬线一色用于显花纹。如地部采用五枚经缎组织，花部配五枚纬缎或三枚斜纹组织，如图 1-48 所示。由于五枚经缎组织构成的织物纹理及其光泽和五枚纬缎组织的不同，所以即使经、纬线的颜色相同，也可以清晰地呈现花纹效果。

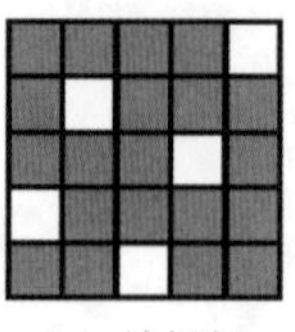

（a）地组织

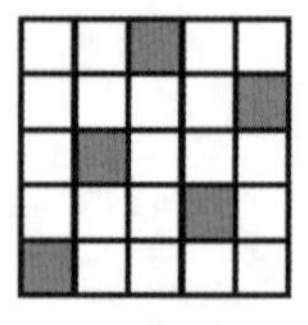

（b）花组织

图 1-48 库缎的组织结构

库缎还有在本色或二色库缎的基础上，局部采用金、银线或彩色丝绒线形成花纹的品种，其组织结构是单层结构和重纬结构的组合。妆金库缎、金银点库缎、妆彩库缎的组织结构基本属于这一类型。其地部组织一般为八枚经缎，本色花（暗花）和单

层二色花组织则为八枚变则缎纹，如图 1-49（a）和（b）所示，此时地部为单层结构。妆彩、妆金或金银点为局部特抛，构成纬二重结构，如图 1-49（c）所示。甲纬（本色花或单层二色花纬）和乙纬（彩抛纬）的排列比一般为 2 : 1，即织两根甲纬再织一根乙纬，经线是隔一根用一根，如此反复。因乙纬通常较甲纬粗，织物正面由乙纬所织的部分可以达到不露地的效果。

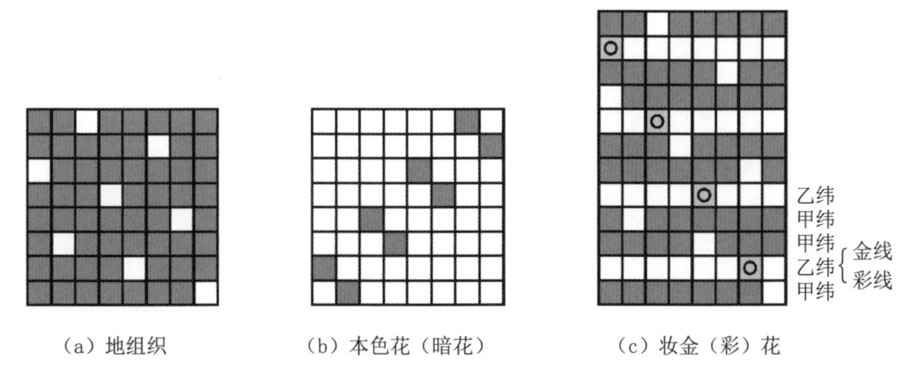

图 1-49 妆金（彩）库缎的组织结构

（2）库锦的组织结构。云锦中，库锦类的品种主要有织金库锦、彩花库锦、抹梭妆花、抹梭金宝地和芙蓉妆等几种。

织金库锦与彩花库锦都是双经重纬结构，甲经与甲纬（地纬）交织成地组织，乙经与乙纬（金线或彩花线）交织成平纹显花。织金库锦的甲、乙经排列比为 4 : 1，甲纬与金线（乙纬）的排列比为 4 : 1，地组织为三上一下经面斜纹，如图 1-50 所示。

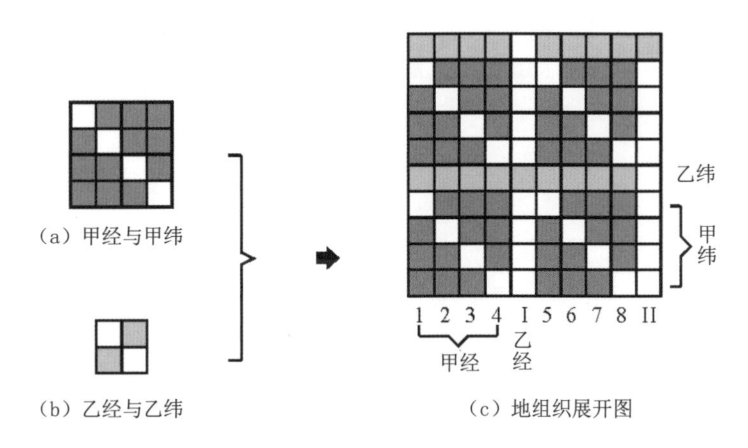

图 1-50 织金库锦的组织结构

彩花库锦的经、纬密和经线规格与织金库锦相同，不同的有两点：一是彩花库锦的地组织为五枚经缎；二是纬线有三组，其中甲纬（彩纬一）与甲经交织成地组织，甲纬也可与乙经交织成平纹显花，而丙纬（彩纬二）为彩抛纬，它与乙经交织显花，不显色时固结于背面，可根据设计分段换色。

抹梭金宝地的地部一般以半数的经线与圆金线纬交织成七枚斜纹为表组织，背衬全部经线与甲纬（地纬）交织而成的七枚加强斜纹，以及与扁金线纬交织而成的七枚经缎，如图 1-51(a) ~（d）所示。彩花部分的表组织与圆金地部分的表组织相同，由彩色花绒纬与二分之一的经线交织而成，背衬地纬、圆金线纬和扁金线纬三组不显色的纬线，其中地纬与经线交织成七枚加强斜纹，圆金线和扁金线都采用七枚经缎织入同一梭口，如图 1-51(e) 所示。抹梭妆花与抹梭金宝地在组织结构上基本一致，不同的是，抹梭金宝地用捻金线（圆金线）织满地，再彩织纹饰，而抹梭妆花是在缎地上织彩，没有圆金线织的地部。

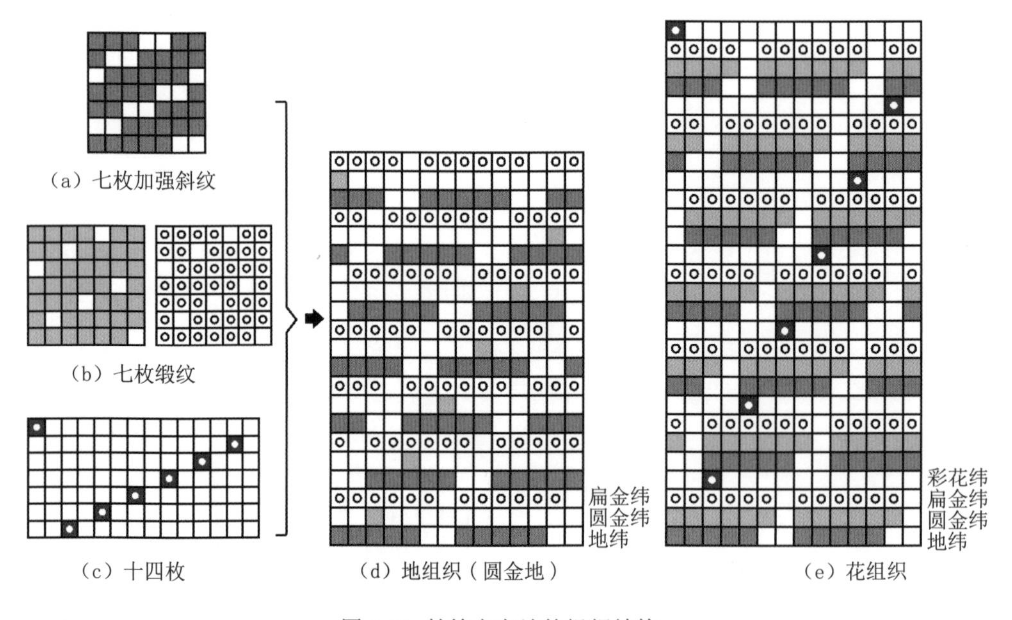

图 1-51 抹梭金宝地的组织结构

（3）妆花的组织结构。云锦中的妆花品种，其地部由地纬与经线通梭织成，可以是单经单纬的简单组织，也可以是双经多纬的复杂组织；花部在地组织的基础上局部加织彩色绒纬，构成重纬组织结构。妆花可根据地部组织的不同，形成不同的品种，如地部为纱罗、平纹、缎纹等组织，就构成妆花罗、妆花纱、妆花绢、妆花缎等。以缎纹为基础组织的妆花缎，常见的有七枚缎妆花，其经线与地纬交织成七枚经缎，地纬与妆花纬的排列比为 2 : 1，经线与地纬交织构成单层组织结构，同时经线的二分之一与妆花纬交织，叠加在地组织之上，构成重纬结构，如图 1-52 所示。

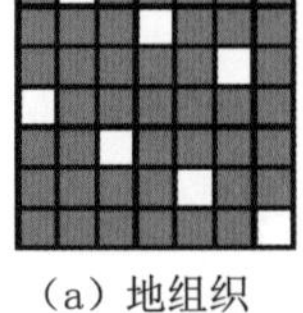

（a）地组织

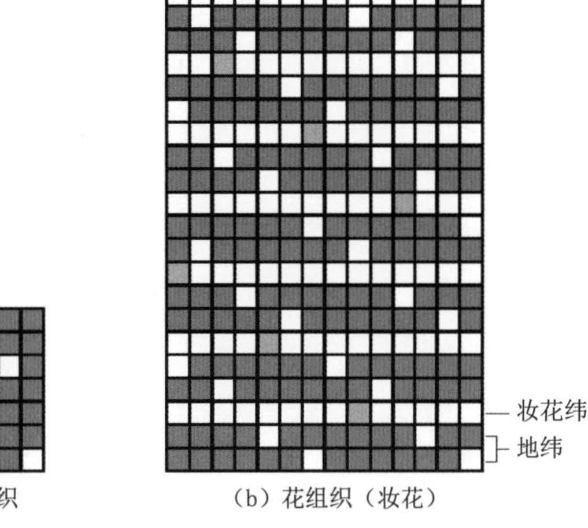

（b）花组织（妆花）

图 1-52 妆花的组织结构

云锦中，还有将妆花工艺和金宝地相结合的品种。妆花金宝地与抹梭金宝地所不同的是，彩花部分不是通梭织造的，而是挖花盘织的，其他组织结构则基本相同，见图 1-51。即妆花金宝地在用圆金线织出地色或地纹的基础上，利用不断换色的小梭子织出多彩的花纹，再用片金线对彩色花纹进行包边，有时还在彩色花纹之间穿插一些用片金、片银织出的花纹，织物纹样金辉相映，极其华丽贵重。

从上述分析可知，云锦中的大多数品种，在组织结构方面的主要特点是：地部通常由全部经线与地纬交织而成，并以经线显地色而地纬固结为主，但金宝地品种除外；花部则在经线与地纬交织的基础上，加织彩花纬或金、银线来表现花纹色。除了单经单纬的本色库缎、二色库缎之外，其他云锦品种的花部通常是重纬结构，而地部有单层结构，也有重纬结构。云锦的经线具有显现地色和固结纬线两种作用，一般不参与花纹色的表现，而纬线用于表达花纹色，基本不用于地色的表现，经、纬线的分工较为明确。

1.3.2 云锦的纹饰与织造工艺

1.3.2.1 云锦的纹饰

（1）表现题材。云锦纹样取材广泛、内容丰富，具体可以分为以下几类：一是花卉、果实等植物题材，如牡丹、莲花、梅花、桃花、菊花、芙蓉、海棠、灵芝、萱草、长春藤、松、竹、石榴、桃子、佛手、宝相花等；二是动物题材，如龙、夔龙、蟒、鸾、凤、麒麟、狮子、鹿、仙鹤、孔雀、大雁、鸳鸯、蝙蝠、鱼、蝴蝶、蜜蜂等；三是几何纹样，如回纹、万字纹、盔甲纹、锁子纹、工字纹、龟背纹等；四是器物题材，如暗八仙、八吉祥、八宝、乐器纹样“八音”、文房四宝、灯笼、花瓶等；五是人物题材，如寿星、仙女、仙童、婴孩等；六是文字题材，如福、寿、禄、喜等；七是风景题材，如山石、云气、江海、湖水等。

上述几类中，花卉植物、动物及几何纹样最为常用，尤其是作为皇室御用的云锦，多数以龙、凤、牡丹为主题纹样，以及一些寓意福、寿等含义的祥瑞图案。

（2）组织布局。云锦纹样整体构图严谨，组织布局讲究章法。根据使用方式和用途的不同，云锦织物分为织成料和匹料两种。“织成”是指根据织物的具体用途，将产品的款式、廓形与尺寸，以及纹样的装饰部位与分布等因素，进行综合考虑而完成设计。如云锦织成龙袍，在设计时，就要将龙袍的款式、尺寸，包括缝制需预留的边等，都做出规划。龙袍从织机上下来之后，只需沿着轮廓进行缝制。传统的织成料，除了龙袍，还有蟒袍、伞盖及佛像等。一件织成制品，从图案设计到织造，工序复杂，往往经年才能完成。“匹料”是云锦产品的主要形式，其纹样一般以四方连续进行上下、左右的反复排列布局。匹料可用于制作服装、坐垫、帷幔等。

云锦纹样的组织形式主要有团花、散花、满花、缠枝、串枝、折枝、锦群等几类。

① 团花和散花。团花是指由圆形单元纹样，经上下、左右有规律的反复排列形成图案的组织形式。此外，团花的圆形单元纹样设计本身就有多种类型：一是有边和无边之分；二是圆内纹样是一个完整的单体还是多个单体的组合，如果是多个单体的组合，则组合形式又可分为垂直对称、旋转对称和辐射对称等，变化也较为丰富。散花可以看作团花的变化形式，其设计单元既有单个的，也有两个一组或三个一组的，排列于一个完整的循环单位中，较团花活泼些，但仍属于规则的散点排列样式。

② 满花。满花是一种花多地少的图案组织形式，其具体的排列方法有连缀式和散点式。连缀式有波形连缀、转换连缀和菱形连缀等多种。散点式分规则散点和自由散点两种，传统织锦一般多采用规则散点。散点排列比较密集时，可以形成满花的效果。

③ 缠枝、串枝和折枝。缠枝、串枝和折枝，都是有花头与枝叶的图案组织形式。缠枝纹与魏晋时期的忍冬纹有着一定的沿承关系。唐代已有缠枝卷草纹。到宋元时期，缠枝纹在织物上的地位越发突出，至明清更是有增无减。云锦中的缠枝纹样，从构造特点上看，一般花头部分较为饱满、醒目，花茎相对较细，绕于花头约一圈，并形成“S”造型。串枝初看与缠枝有些相似，两者的区别在于，缠枝着意于枝干对花头的缠绕，而串枝只需将花头串连起来。折枝如同从花树上折取一段花枝，是一种较为写实的图案组织形式。枝上有花、有叶，但每一枝花都不相连。

④ 锦群。锦群是一种在大几何骨架中辅以多种小几何纹，用于烘托主题花纹的多层次的图案组织形式。大几何骨架以十字、米字形进行空间分割，在交叉点上叠置圆形、菱形、方形、六边形、八边形等几何形。这些几何形通常有两个面积层次，较大的填饰主题花纹，较小的添以辅助小花纹。被分割成较小块面的地部，则填充各类连续几何纹，如万字纹、龟背纹、盔甲纹、锁子纹等。可见，以这种方法构成的图案格式严谨、主次分明，呈现出一种有规矩的丰富感。

（3）配色。云锦图案的配色，饱满鲜明，金彩交辉，总体上具有庄重、典丽、华贵的气质。云锦织物的地色，除了帝王御用采用黄色之外，大多用大红、深蓝、宝蓝、墨绿等中等明度偏深的颜色。主花纹也多用红、蓝、绿、紫、古铜、烟灰、深咖等深色。大量用金、银线，也是云锦用色的一大特色。金、银两色，与其他任何颜色都能和谐相处，还可以额外增加一层辉煌的高贵感。

虽然云锦的地色和花色为相同的深色，色相也基本相同，似乎难以想象两者组合如何能获得理想的配色效果。但云锦却拥有浓重、富丽而不艳俗，对比强烈又不失和谐的色彩效果。这其中的一个重要因素是合理运用了“色晕”“片金绞边”“大白相间”等色彩配置技巧。

色晕是一种表现色彩渐变的方法，即用2~3种有明度差异的同类色或邻近色，从深到浅或从浅到深地用于花瓣之上。如图1–53展示的孔雀牡丹云锦上的牡丹花瓣的色彩表现，有从深红色逐渐过渡到白色的，也有从橙红色过渡到黄色的，或者从灰紫色渐变为白色等。这种色彩处理方法不仅使花纹因明暗变化而产生立体感，而且使纹样更加柔和，可以有效调和花色之间过于强烈的对比。色晕可分为两种：一种是正晕；另一种是反晕。正晕是里深外浅，反晕则为里浅外深。前者适用于深色地，后者可以用于浅色地。一般正晕使用较多，反晕只作为点缀。

图1–53 孔雀牡丹云锦（局部）

云锦艺人对于色晕配色形成了一些口诀。如用两种颜色进行搭配：玉白、蓝；葵黄、绿；古铜、紫；羽灰、蓝；深、浅红。再如用三种颜色进行搭配：水红、银红配大红；葵黄、广绿配石青；藕荷、青莲配紫酱；白玉、古月配宝蓝；秋香、古铜配鼻烟；银灰、瓦灰配鸽灰。采用两色的色晕特点是明度上有一定的对比度。色相上有相同色相的配置，如深红和浅红组合；也有邻近色的配置，如葵黄和绿；还有单一色相结合一种中性色的配置，如白与蓝、浅灰与蓝等组合。另外，古铜和紫的组合颇让人难以理解，因为两色在明度上都较暗，在色相上的关系也不太明朗。三色组合的规律与两色组合基本相同，增加的颜色也符合同色相、邻近色和中性色的组合设计范畴。如水红、银红配大红，属于同色相组合。再如葵黄、广绿配石青，葵黄和广绿为邻近色对比关系，广绿和石青也是邻近色关系，三色中两两都是邻近色关系。银灰、瓦灰配鸽灰，则是通过中性色的深浅变化来构成色晕效果的。

片金绞边是指用片金沿着花纹轮廓进行勾边，利用金色兼具调和与加强的功能，解决花与地、花与花之间配色问题的方法。

大白相间是指在做色晕处理时，采用白色（包括银线色）作为 2~3 个渐变色中的一员，如从宝蓝、浅蓝到白的渐变过渡。白色的适度运用，使深色地上的花纹既得以凸显，又不失和谐度。

色晕、片金绞边、大白相间等配色技巧的运用，使云锦获得了明快醒目、统一和谐的优美效果。

1.3.2.2 云锦的特色工艺

云锦的特色工艺主要有三个方面，分别为用金工艺、妆花工艺和织成工艺。

（1）用金工艺。在用金方面（包括用银），产生了多个云锦品种，涉及库缎、织锦、织金等类别。从量的角度，有局部用金、银的，如妆金库缎、金银点库缎等；有满地用金、银的，如抹梭金宝地、织金等。从形式的角度，有用于点缀花纹局部的，或用于绞边勾勒轮廓的，或用于地色的，甚至用于全部花纹与地色的等；有单用金或单用银的，也有金、银一起用的；有片金（也称“缕金”或“扁金”）和捻金（也称“圆金”）单用或合用等。总之，形式丰富，不一而足。

（2）妆花工艺。妆花工艺是云锦特有的丰富其色彩的织造手法。从织造工艺而言，妆花采用小梭挖花盘织，而不是通梭常织。花纹的各个组成部分，可以独立被赋予一种颜色而相互又不影响。织锦中的彩抛换色工艺，虽然可以实现分段换色，但同一抛道宽度内的色彩必须是固定的几种。如幅宽内有四个纹样循环单位，那么这四个纹样的配色是一样的，无法达到随花赋色的效果。相比较而言，妆花工艺是传统织锦中色彩表现自由度最高的织造技术，但它也会造成妆花织物厚薄不一致的情况，即挖花部分较厚，而非挖花部分较薄。此外，妆花织物的背面是不整洁的。首先，挖花部分与非挖花部分有明显的纹理差异；其次，纬线由于经常换色，会产生一些线头，也会显露于织物背面。这些特点也可以作为辨别妆花工艺的线索。

（3）织成工艺。织成是一种将成品款式和装饰纹样一起完成的织物设计和生产形式。如清代皇帝所穿的龙袍的制织，就采用了织成的工艺。首先，根据袍服的形制进行排版设计，并在各裁片中设计符合要求的装饰纹样；然后，挑花结本，再上机织造；织造完成之后，将各衣片裁剪、缝合，要求不同裁片之间有需要拼合的纹样，都要做到精确对接，所以织造难度极高。比如打纬的力度、经轴的张力等因素，都会影响纹样的拼接效果。利用织成工艺可以制成纹饰妥贴、形式完美的袍服、鞋履和伞盖等，这些产品的艺术效果是一般的四方连续匹料所不能达到的。

1.4 中国古代织锦纹饰的文化内涵与审美特质

中国古代织锦之美，属于工艺美学范畴，是中国古代美学的组成部分，既与文学、艺术美学分享中国古代美学的共性，又具有自身的特殊性。中国古代美学思想和理论建立在中国古代政治、经济和文化基础之上，由儒家、道家、佛学和禅宗思想中关于"美"及文学、艺术的创作、欣赏等各方面的言说构成。织锦之美属于造物之美，相对而言，与入世的儒家思想的关系更为直接和密切。中国儒家文化中"和"的美学思想，为阐述织锦之美提供了依据。首先，表现为"美"与"善"的统一。美是指美的形式，善是指高尚的道德内容，两者合一是形式和内容的结合。其次，"和"的美学思想是基于多样化的统一。这种多样化的统一与不同社会等级之间有秩序的和谐统一相对应，与同质的统一相区别。具有不同等级与社会身份的群体，遵循合乎规定的衣、食、住、行之礼节安排生活，融洽相处。从帝王、文官武将到百姓，他们在举行各种祭祀或节日庆典活动时，以及在日常生活中使用的服装、服饰与织物产品，其款式、纹饰、色彩、材质、尺寸等都有相应的典章制度。所用之物需符合各自等级的规制，这样才有社会之井然有序。这种分等级的和谐是感受美、欣赏美的现实基础。

中国古代美学从审美主体角度展开，可分为朝廷美学、士人美学、民间美学和市民美学四类。除朝廷美学之外，其他三类分别对应自汉代以来被称为"四民"的士、农、工、商，其中"士"对应士人美学，"农"主要对应民间美学，而生活在古代都城的手工业者和商人则对应市民美学。考虑到笔者所讨论的主要是由朝廷组织生产的织锦，所以将上述四类美学重组为三类，其中朝廷美学和士人美学保持不变，另外提出一种普遍意义上以人为主体的世俗美学。世俗美学与人的社会地位、财富，以及知识水平等，没有直接关系，只因生而为人，就有生、老、病、痛等烦恼。因此，无论是帝王、士人还是百姓，只要他们内心有对超越现实的美好事物和生活的向往与追求，都将其统归为这一类。世俗美学根源于人本身的有限性，因而跨越了群体、阶层的界限，成为有着最广泛的审美主体的美学类型。

中国传统织锦作为一种为统治阶层服务的工艺美术品，其美学主要属于朝廷美学范畴，同时又与士人美学相联系，并以最广泛的世俗美学为基础。如果说朝廷美学是古代织锦所要体现的核心，那么士人美学作为文化最高位的美学类型，对古代织锦的审美取向产生了积极的影响。

1.4.1 织锦纹饰之美的文化内涵

1.4.1.1 织锦纹饰与朝廷美学：威仪与富丽

在中国美学史上，朝廷美学萌芽于原始社会，建立于夏商周，成型于秦汉，隋唐之后继续演进发展。朝廷美学是中国古代家、国大一统社会中等级秩序在审美领域的显现，主要表现为威仪和富丽两个审美特征。由于织锦具有纹饰与色彩的审美元素，并可用于制作服装，以及装潢宫殿、庙宇、马车和仪仗等，是烘托、彰显威仪和富丽之美的重要媒介，因此织锦是表现朝廷美学的一项重要内容，在古代政治、经济和文化生活中发挥着非常独特的作用。

威仪是朝廷美学的核心审美效果。“威”，从字源上讲，始于“畏”。远古时期，“畏”表达的是先民对暴力的畏惧。进入夏商时期，“畏”主要指最高统治者对祖先死后化为鬼，成为有能力沟通天上帝王和地上人王的祖鬼的敬畏。从“畏”到“威”的转变，是伴随着周代礼乐文明的建立而完成的。对暴力的畏惧和对祖鬼的敬畏，最后变成对人王之威的顺服。人王之威相较于前两者，一是显得更加柔和，而且注入了正义的因素；二是主要通过人王的冠冕、服装和服饰（有纹章装饰）等仪容装扮，以及侍从、仪仗、车马、旌旗等的烘托而展现出来。因此，人王之威是威仪的核心意义。最高等级的威仪来自帝王之威，而在具有严格等级的官僚集团内部，不同品阶的官员各有衣、食、住、行的规格要求，既要体现朝廷整体的威仪之美，更要体现等级差异带来的威仪之差等。

富丽是朝廷威仪的审美特点。富丽的审美感受主要来自两个层面：一是物产的品类丰盛、数量众多、体积庞大等感官层面；二是制作精良、品味雅正、氛围庄严等技术和格调层面。第一层面利用人的视觉、味觉、听觉等感官需求，通过帝王拥有天下最好、最多的物质财富，达到渲染帝王威仪的效果；第二层面利用民众希望赢得他人的尊敬，以及实现自我价值等心理需求，通过帝王不仅拥有任贤选能、处决恶人的权力，而且享有众星拱月般的高雅生活，彰显帝王的光耀形象，扩展收获人心的威慑力。《荀子·富国》认为，帝王圣人不美化、不装饰就不能统一民心，财不富足、待遇不优厚就不能够管理民众，不威严、不强大就不能管制残暴、凶悍之人。因此，需要鸣钟、击鼓、吹弹丝竹乐器，以满足耳朵的享受；使用的器物必须雕镂花纹，衣服要装饰纹样，以满足眼睛的需求；享用猪狗牛羊、稻米谷物等味美色香的食物，以满足口腹之需。此外，还要增加跟随的人员，设置官职，重奖赏，严刑法，以警戒臣民的心。目的是让天下民众都知道，他们想要的和畏惧的都在帝王这里。于是，有才干的人得到了施展才能的机会，帝王也有了协助管理天下的人才，天下民心安定、赏罚有度，国家也就变得更加富强。[①] 除了《富国》篇之外，荀子在《正论》《礼论》《乐论》等篇中，也都涉及了威仪的理论。这些观点得到了后代帝王的推崇，通过典章制度、祭祀礼仪等形式加以实施，从器物和服装服饰的精美纹样、食物的丰赡、音乐的宏伟、制度的完善等方面，营造"威"的效果，直至封建体制解体。威仪是帝王与官僚集团所拥有的政治权力和财富的审美外显，富丽的美感服务于激发现实的功用。

朝廷美学通过帝王和不同等级的官员形象、建筑、仪式程序等表现出来。织锦作为一种服装面料，具有塑造人物形象的功能；作为一种室内装饰织物，可用作建筑内部的帷幔、座椅上的各类垫子等，甚至在重大仪式中用于包装重要礼器。正是因为如此，织锦的织造备受朝廷的重视，其纹饰、色彩设计不仅都具有一定的规格要求，更要体现富丽的审美特点，以展现朝廷法度严明、无上尊贵的威仪。

织锦纹饰的富丽之美和威仪之感，主要从三方面得以表现：一是纹饰题材与色彩的专属性特点；二是纹饰造型与数量的等级性特点；三是专属性与等级性的内在关联性。具有代表性的织锦纹饰有十二章纹、龙纹、动物纹，以及一些组合型植物纹样等。

（1）十二章纹。《尚书·虞书·益稷》提到了十二种被用于古代礼服的纹样，分别为日、月、星辰、山、龙、华虫、宗彝、藻、火、粉米、黼、黻，被称为"十二章纹"，简称"十二章"。[②] 古代服装，其上装称衣，下装称裳。十二章中，前六章绘于上衣，后六章绣于下裳，制成最高规格的帝王礼服。

在十二章的帝王礼服之下，有九章、七章、五章、三章和一章，分别为公、侯伯、子男、孤和卿大夫的礼服纹饰。这五个等级的冕服，分别称为衮冕、鷩冕、毳冕、絺冕和玄冕。衮冕：上衣绘龙、山、华虫、火和宗彝，下裳绣藻、粉米、黼、黻，共九章；鷩冕：上衣绘华虫、火、宗彝，下裳绣藻、粉米、黼、黻，共七章；毳冕：上衣绘宗彝、藻、粉米，下裳绣黼、黻，共五章；絺冕：上衣绘粉米，下裳绣黼、黻，共三章；玄冕：上衣无纹，下裳绣黻，为一章。公的礼服较之帝王的礼服少了日、月、星辰三种纹样，

---

① 《荀子·富国》原文："故先王圣人为之不然，知夫为人主上者不美不饰之不足以一民也，不富不厚之不足以管下也，不威不强之不足以禁暴胜悍也。故必将撞大钟、击鸣鼓、吹笙竽、弹琴瑟以塞其耳，必将雕琢刻镂、黼黻文章以塞其目，必将刍（音同"除"）豢（音同"换"）稻粱、五味芬芳以塞其口；然后，众人徒、备官职、渐庆赏、严刑法以戒其心，使天下生民之属，皆知己之所愿欲之举在是于也，故其赏行；皆知己之所畏恐之举在是于也，故其罚威。赏行罚威，则贤者可得而进也，不肖者可得而退也，能不能可得而官也。若是，则万物得宜，事变得应，上得天时，下得地利，中得人和，则财货浑浑如泉涌，汸汸如海河，暴暴如丘山，不时焚烧，无所臧之，夫天下何患乎不足也？"引自张觉：《荀子译注》，上海古籍出版社 2019 年版，第 127 页。

② 《尚书·虞书·益稷》原文："帝曰：臣作朕股肱耳目。予欲左右有民，汝翼。予欲宣力四方，汝为。予欲观古人之象，日、月、星辰、山、龙、华虫，作会，宗彝、藻、火、粉米、黼、黻，絺绣，以五采彰施于五色，作服，汝明。"引自《十三经注疏》，上海古籍出版社 1997 年版，第 141 页。

它们是代表天象的纹样，只有帝王可以使用。自公以下，每降一级就少两种纹样，形成既有内在统一性又有等级差异性的礼服体系。以十二章为基础，逐级减少具有象征意义的纹样数量，以显示地位的尊卑之别，体现了古代礼制体系的建构特点。

这种体系结构不仅表现在礼服方面，还体现在从中央到地方的宫殿建筑的规模、从天子到士的饮食礼器的数量等方面。虽然在十二章纹产生之时，织锦技术还没有发展到能表现五彩的十二种物象图形的水平，但随着织锦技术的逐渐进步，采用织锦制作礼服和官服成为统治者的一种选择。到了明后期，十二章纹除了采用绘制和刺绣工艺之外，也采用缂丝和织造工艺进行制作，《明史·舆服志》中记录了洪武十六年（1383年），衮服中衣的部分就采用了织的手法来表现日、月、星辰、山、龙、华虫。

十二章纹之所以被用于标识礼服的不同等级，是因为这些纹样都有特定的象征意义。虽然十二章纹是借上古之帝“舜”之口提出的，但对这些纹样自身意义的解释是经过一段时间的酝酿和发展才逐渐完善成熟的。宋代夏僎《尚书详解》对十二章纹所蕴含的意义做了这样的解释：

日、月、星，称为“三辰”，取其临照之意；山，能行云雨，人所仰望，取其镇也；龙，变化无方，取其神也；华虫为雉，文采昭著，取其文也；宗彝，绘以龙、蜼（wěi，长尾猴），取其祀享之意；藻，水草之有文者，取其有文和洁；火，取其明和炎上；粉米，取其洁白能养人；黼，黑白各半，斧形，取其断割之义；黻，一青色弓形和一白色弓形，相背组合，取向善背恶与君臣离合之意。

从以上阐释可以看出，十二章纹是对最理想统治者的全面想象和要求，不仅要求其在品德、才能和智慧方面是最优秀的，甚至希望其在形体外貌上也是丰神俊朗的。十二章纹汇聚了天上、地上和水中的自然之物，以及人造之物，完成了对统治者完美形象的塑造，即光明、神通、文采、力量、敬畏、洁净、果断、善恶分明等。以君王为至高点，推及公、侯与百官，形成一个既有统一性又有等级性的象征符号范式。十二章纹既表现了华夏民族的美学精神，又体现了中国的装饰文化特色。在某种意义上，汉代之后，历朝历代纹样的衍化、壮大都与十二章纹有着一定的联系，可以说是十二章纹的丰富、发展和绵延。在纹样史上有重要地位的纹样题材，如龙、凤，以及追求的审美风格，如富丽华美、飞动和变化自如、主次分明、层次丰富等，基本上都可以在十二章纹中找到线索。

（2）动物纹。

① 龙纹、翟纹与宗室品级。

a. 龙纹。十二章纹中有龙纹，但这个龙纹偏向于符号意义，龙纹造型较为固定，不以龙纹自身的视觉形象为审美要点。独立的龙纹，或以龙纹为主体的其他组合纹样，除了龙的象征性之外，同时注重龙的形态变化，以满足不同的应用载体。在造型上，有坐龙、行龙、升龙、降龙、盘龙、过肩龙等，可根据龙袍的不同类型规格与款式搭配选用。比如坐龙，它是一种龙头正面朝前，而龙身盘曲如坐的造型，一般用于龙袍的正前胸；再如过肩龙，它则是从肩膀前面延伸到后背的龙纹，是一种用于装饰龙袍肩部的龙纹造型，名称也非常形象。

每个时代的龙纹，其实都有各自的时代特色，甚至可以反映帝王的个人气质。比如商周至汉唐的龙纹，为三爪；宋元的龙纹，则变为四爪；到明清，地位最高最尊贵的龙纹为五爪。有文献研究认为，清顺治时期的龙纹有明代的遗风，龙眼圆睁，龙嘴大张，龙须少，龙身粗壮有力；嘉庆时期的龙纹，龙眼下垂，龙眉和龙须稀疏；光绪时期的龙纹，龙眼较大却无生气，鼻头朱红，耳由圆筒状变为卷云状，龙须较短等。自元代始，龙纹大量用于帝王和皇室成员的服饰，并通过禁止或限制织制来强调这种专有性。如《元史》中曾记载，禁止织造周身大龙的段匹，而前胸或后背织有小龙的段匹则可以织造。

b. 翟纹。翟，一种长尾巴的山雉，它就是十二章纹中表现文采的华虫。早在周代，翟的形象就已作为皇后祭服上的纹饰使用。但周代翟纹主要是绘制的，明代翟纹则既有画绘或刺绣的，也有采用织造工艺的。据《明史・舆服志二》载，洪武三年定皇后袆衣“深青绘翟，赤质，五色十二等”；又定皇妃翟衣“青质绣翟，编次于衣及裳，重为九等”；以及永乐三年定翟衣“深青，织翟文十有二等，间以小轮花。…… 蔽膝随衣色，织翟为章三等，间以小轮花四，以緅为领缘，织金云龙文”。

龙纹、翟纹、鸾凤纹等除了用于帝后服饰之外，也用于他们的殿堂装潢、仪仗等方面，以及住、行等生活领域。纹样的专属性强化了纹样的象征性和符号化倾向。相对于那些不同社会群体都可使用的动物纹样，这些纹样限于身份最高贵的人使用，所以从使用者角度而言，其使用范围缩小了。但从另一个角度来看，这些纹样遍及特定使用者所有器物的装饰，如雕刻于皇宫殿堂的梁柱、门窗上或桌、椅、车辇上，描绘于各类瓷器、漆器用具上，印、织、绣于四季衣物、寝被、帘幔之上等，丰富多样。除了纹样题材，色彩因素也有相同的规制，如黄色在古代中国是帝王的专属用色，黄色龙纹较其他颜色的龙纹更为尊贵；五彩的凤纹与皇后的身份对应，也具有一定的专属色彩。

② 其他动物纹与百官品级。

除了帝王和公侯之外，文武百官也使用不同纹样来显示各自的官阶等级。隋唐之前，采用纹样标识官员品阶并不十分固定，至唐文宗即位时期（827 年），才对官服的图案、色彩和织物品种形成了较为明确的规定。《新唐书》卷十四《车服》中记载了袍袄之制：“三品以上服绫，以鹘衔瑞草、雁衔绶带及双孔雀；四品、五品服绫，以地黄交枝；六品以下服绫，小窠、无文及隔织、独织。”绫是一种通过地组织和花组织的不同而显现纹样的单色提花织物，它与多彩的织锦不同。到了宋代，大致形成了纹饰与官品等级的对应关系。宋代官员等级可以从朝服上绶带的花色进行辨识。绶带是一种佩系玉、官印的丝织缎带。从一品到六品的绶带分别为天下乐晕锦、杂花晕锦、方胜宜男锦、翠毛锦、簇四雕锦、黄狮子锦，六品之后的绶带为方胜练鹊锦。延续至明代，与朝服配套的绶带织纹同样有区别官阶等级的作用。据《明史・舆服志》记载，洪武二十六年（1393 年）规定了朝服用绶：一品、二品绶用黄、绿、赤、紫织成云凤四色花锦，三品、四品绶用黄、绿、赤、紫织成云鹤花锦，五品绶用黄、绿、赤、紫织成盘雕花锦，六品、七品绶用黄、绿、赤织成练鹊三色花锦，八品、九品绶用黄、绿织成㶉鶒（xī chì）二色花锦。从上述记载可知，五品以上官员使用的绶带上，动物纹不同，但色彩都为黄、绿、赤、紫四色；六品、七品用三色，少了紫色；八品、九品用二色，少了赤、紫两色。由此可见，动物纹样、颜色及其数量都被用于标识官品的尊卑与等级。

到了明代，不仅文、武、内臣使用的纹样有了区分，而且有了较为稳定的纹样题材。我们所熟知的用于标识官职类型和等级的官服上出现了“补子”。所谓“补子”，是指先有服装主体部分，再补缀上去一块独立的具有标识官位等级功能的方形织物。服装主体通常采用暗花织物，远看只呈现一种颜色，近看才有纹饰，如绫类织物。“补子”上的纹饰为彩色，有刺绣的，也有织花的。暗花织物的服装主体和彩色补子的结合就构成典型的明代官服样式。补子的独立设计与制作，可以使其在纹饰和色彩的表现上更加自由。推究补子的由来，可以溯源至一种被称为“胸背”的纹饰样式。据文献记载，胸背出现于元代，因此也被称为蒙元胸背。但蒙元胸背与服装是一体的，也就是说，在将有纹饰的织物制作成服装时，在排料环节，将纹饰安排在正前胸和正后背的位置，于是这种造型通常为圆形的适合纹样就有了“胸背”这个名称。蒙元胸背的加工工艺有织花、印花或刺绣。另外，胸背的纹样色彩一般较为单一，有用一种金线织成的，也有用金箔印制的，或用一种颜色的绣花线绣制的。补子色彩往往很丰富，其纹样构成较胸背复杂。更重要的是，蒙元胸背只是为了装饰，还没有形成标识官职等级的功能，而明、清官服补子的用意在于区别尊卑和官职的等级差异。明代早期经历了将表现官员身份等级的纹样直接织造而成的阶段，称为常服花样，后来才发展为成衣后需要补钉上去的官服补子。《明会典》载，洪武二十六年确定的常服花样为文官一品、二品用仙鹤、锦鸡纹，三品、四品用孔雀、云雁纹，五品用白鹇纹，六品、七品用鹭鸶、㶉鶒纹，八品、九品并杂职务用鹌鹑、练鹊、黄鹂纹，风宪衙门官服补子以獬豸为主要纹饰等；武官一品、二品用狮子纹，三品用虎纹，四品用豹纹，五品用熊纹，六品、七品用彪纹，八品用海马纹，九品用犀牛纹等。

明代文官官服补子一般用禽鸟纹样，武官用走兽纹样，有品阶的内臣宦官用基于龙纹的变化纹样。明代在龙纹基础上发展出蟒龙纹、飞鱼纹和斗牛纹等，按由高到低的等级排列，依次是龙纹、蟒龙纹、飞鱼纹、斗牛纹。蟒龙纹通常为四爪，晚明期还出现过五爪蟒龙纹；飞鱼纹为尾部呈鱼尾造型的龙纹，有时还有翅膀；斗牛纹是头部有牛角的龙纹。

清代基本沿用明代官服补子形制，文武官员各品阶官服补子纹样的动物题材与明代大致相同，具体为文官一品仙鹤、二品锦鸡、三品孔雀、四品雁、五品白鹇、六品鹭鸶、七品㶉鶒、八品鹌鹑、九品练鹊；武官一品麒麟、二品狮子、三品豹、四品虎、五品熊、六品彪、七八品犀牛、九品海马。明、清两代的官服补子，除了官职品阶所对应的主体纹饰略有不同之外，形制上也有差异：一是补子大小，明代补子边长约为40厘米，而清代补子边长一般为30厘米；二是纹饰构成样式不同，明代文官所用一般为成对禽鸟，而清代采用单只；三是明代补子为完整一片，清代补子由于官服为对襟形制而一分为二；四是补子配色不同，清代补子一般采用深色地配高饱和度的五彩色纹样图案，并辅以花边装饰，整体效果富丽堂皇，而明代补子大多采用图与地为相近色系的色彩配置，整体效果雅致柔和。

（3）植物纹。除了十二章纹和各种动物纹样之外，还采用植物纹样来区别身份和地位，但通常结合纹样的造型特点与尺寸等设计元素。《明史·舆服志》载："公服花样：一品，大独科花，径五寸；二品，小独科花，径三寸；三品，散答花，无枝叶，径二寸；四品、五品，小杂花纹，径一寸五分；六品、七品，小杂花，径一寸；八品以下无纹。"从这一记载可发现三种设计思路：一是尺寸逐级减小，从一品的直径17厘米到六品、七品的4.3厘米；二是有无花纹，最低等级的官服没有花纹；三是花、枝、叶的完整性，一品、二品为有枝叶和花头的团花，三品则仅有花头部分而无枝叶，三品以下为小杂花。

1.4.1.2 织锦纹饰与士人美学：诗意和高洁

士人这一社会阶层，在西周时期已经产生。周朝的社会结构由天子、诸侯、大夫、士和庶人等五级组成，但是各阶层只对自己的直接上层负责，如诸侯对天子负责，而大夫听命于诸侯，士则是大夫的士。也就是说，天子管不到大夫和士，诸侯则不能做士的主。到了春秋战国时期，由于诸侯争霸需要真正有能力的人才，士人阶层在历史上有了一次崭露头角的机会。秦始皇统一各诸侯国之后，建立了中央集权的政治体制，社会被重组为帝王与四民的结构关系。所谓"四民"就是士人、农民、手工业者和商人。周代的诸侯、大夫都被归入士人这一行列，庶民分化为农民、手工业者和商人。士人中的一部分进入由帝王统治的官僚体系，也就是出仕为官，另一部分游离朝廷之外，也就是不出仕。农民、手工业者、商人也可以通过读书而成为士人，再加入朝廷的官员之列。可见，士人是古代社会中最为独特和活跃的一个阶层，不仅承担了连接官与民并实现两者之间交流的功能，而且发挥着整合社会结构的独特作用。

以上是从社会结构的角度把握士人的特点，那么从审美文化层面而言，士人又有怎样的特点呢？士人可以做官，成为官僚体系中的一员，也可以独立于这一体系之外，于是有了"在朝"和"在野"之分。孔子提供了一种"一人两面"的士人形象。一面是仁心、政治、美学相统一的"文质彬彬"的理想君子形象，另一面是追求人格操守和道德纯洁的"退而能乐"的士人形象。孟子提供了一种"富贵不淫，贫贱不移，威武不屈"的"大而有光辉"的士人形象；庄子塑造了一种拒绝融入社会，自由逍遥于天地之间的隐士形象；屈原提供了一种政心不移的忠臣形象；韩非提供了执法为王，依法办事的循吏形象；以及墨子提供了一种路见不平，拔刀相助的侠士形象。总之，士人的核心是胸怀天下。夏、商、周三代的士，是以政治权威的面貌出现的。经过春秋战国，士从代表政治权威的形象转化为纯粹以知识立身的士人形象。其中孔子定位于人性的知识，而老子立足于宇宙知识的高位，掌握人性的知识和宇宙的知识是中国士人胸怀天下需具备的基本素质。士人美学不仅从朝廷美学中独立出来，并以知识的高位将士人美学提升到人性自由、宇宙哲学的高度，从而成为中国美学最高成就的代表。

最能展现士人美学景观的首先是文学艺术领域，如文学方面的诗、词、赋和文章，绘画方面的山水画、花鸟画，以及书法、园林建筑和音乐等。织锦纹饰虽不是展现士人美学的主要领域，但是织锦纹饰的设计表现受到士人美学思想的影响。这种影响从织锦纹饰的表现内容与题材、纹样造型特点、构图布局、配色，以及表现手法和风格意趣等不同层面显现出来。

与展示朝廷威仪和富贵景象的织锦纹饰不同，追求诗情画意或表达生命哲学意味的织锦纹饰构成另一场极。由于受生产工艺的制约，古代织锦纹饰不如画绘、刺绣表现的形象自由灵活，更不如绘画艺术能将人物、山水和花鸟刻画得以假乱真，可以说整体上倾向于秩序性和规则化，但其中却不乏给人强烈的想象空间和生动感的。为了突出织锦纹饰所表现的空间情境，在设计上，不是借助物象的形体造型，而是通过物象形体所表现的动势，以及这种动势产生的虚体之气与背景空间的交融。

根据所表现情境性质的不同，笔者将具有士人美学意味的织锦纹饰大致分为三种类型。

（1）超越现实的云气神灵世界。对于表现超越现实之云气仙灵世界的织锦纹饰，最具代表性的是秦汉时期的织锦，尤其是汉代织锦，其描绘的大多是虚幻的灵禽怪兽。它们或飞奔于连绵不断的群山之间，或翱翔于云气缭绕的神仙之境，甚是离奇。这种审美趣味仅在汉代最为浓烈，后世并未见可与之媲美的情形。李泽厚先生在《美的历程》中写道："与汉赋、画像石、壁画同样体现了这一时代精神而保存下来的，是汉代极端精美并且可以说空前绝后的各种工艺品，包括漆器、铜镜、织锦等等。所以说它们空前绝后，是因为它们在造型、纹样、技巧和意境上，都在中国历史上无与伦比，包括后来唐、宋、明、清的工艺也无法与之抗衡（瓷器、木器家具除外）。"

那么，这种时代精神有什么主要特点呢？又是怎样的物质基础酝酿出这种时代精神的？通过这两个问题的解释，基本上就可以理解这一类型的汉代织锦纹饰在表现题材内容方面的审美内涵。从思想意识领域而言，尤其是文学艺术方面，汉文化延续了南部楚地未曾完全脱去的源自原始氏族社会结构的巫术、图腾崇拜的远古传统。这些奇禽怪兽、狮虎猛龙不是指向现实的动物世界，而是作为象征符号表现一个古老的想象世界。从远古流传下来的神话和古老传说，依旧散发着吸引当时的人们极力描绘和表现的奇异魅力。

但值得注意的是，这里奇思异想的神怪世界，既不同于商代青铜器及其纹饰所散发的充满暴力、威吓的权势意图，也不同于后世魏晋南北朝时期佛教所宣扬的忍受苦难，否定现实人生的观念，而是对生前死后永远幸福的祈求。尤其是贵族阶级，企慕长生不老、羽化登仙是他们孜孜以求的梦想，秦始皇和汉武帝均多次派人寻求长生之药就是例证。可见，汉代织锦纹饰所表现的世界尽管离奇与荒诞不经，但传递给我们的感受是积极、乐观与愉悦的。这种感受是建立在汉代政治、经济、文化繁荣的基础上，人们对现世生活、自身能力的肯定，进一步在艺术、工艺领域的一种显现。根据李泽厚先生的观点，这种肯定还没有进入人自身的内在精神世界，而是沉浸于外在的生活与自然环境中品物的丰富与体验之中。

汉代织锦纹饰的构图布局特点，可以用一个“满”字来概括，以物象占有画面为主，而借“留白”拓展纹饰空间感的设计手法还没有被关注。从意境的表现上，以借助不同形式的“动势”营造纹饰空间的流动感，是理解这一历史时期织锦纹饰风格特点的着眼点。其主要表现为山的起伏之势、非现实中动物的奔跑和翱翔，以及仙人的飞升之姿，都被卷曲、流动的云气贯通于天地之间，一切都饱含激情，充满生命活力。不同物象的不同运动所展现出来的速度和气势，最终凝练为汉代织锦纹饰的流动之美。这与汉代哲学中的元气自然论相契合，而这又与老子的“道、气、象”哲学观念一脉相承。

（2）感怀时光流逝的意象世界。自古以来，对光阴流逝的感慨，不仅是我们看到最多的，也是我们感受最深沉的一种人生情感。子在川上，曰：“逝者如斯夫！不舍昼夜。”孙髯《题昆明大观楼》：“五百里滇池，奔来眼底。数千年往事，注到心头。”杜甫《哀江头》：“人生有情泪沾臆，江水江花岂终极。”人生有限，而自然永恒，这种反差足以让世人怆然涕下。

从这些表达哲理、情感的名言诗词中，可以看到它们的创作者普遍借用“水”作为比喻，江河、池海之“流水”成为一个理想的意象。这种现象不仅出现在文学作品中，而且以不同的形式在造型纹饰中呈现。早在原始社会的彩陶上，水纹已成为人的重要表现对象。“水”这种无定形的、奔流不息的形象，也常与编织纹理相提并论。《西京杂记》卷二：“汉诸陵寝，皆以竹为帘，帘皆为水纹及龙凤之像。”唐代李益《写情》：“水纹珍簟思悠悠，千里佳期一夕休。”宋代欧阳修《有赠余以端溪绿石枕与蕲州竹簟皆佳物也余既》：“端溪琢出缺月样，蕲州织成双水纹。”从这些诗文可看出，在诗人的意象中，竹篾所编纹理与水纹连接在一起。竹帘、竹席在炎热时节虽给人以清凉、爽快的触感，然其编织纹理的循环往复又往往在无意中同无限的思念之情、烦愁之绪相贴合。织锦纹饰中也有类似竹席编织的纹样，如“工字纹”“万字纹”等，它们可以无限循环延伸。

与竹席编织纹饰效果相类似的织锦曲水纹，实际上是直线型的。这种直线型水纹在织锦纹样中通常以地纹的形式出现，或作为填充性纹理出现在复杂织锦纹饰中。另一种水纹则由长波浪线或类似鱼鳞的短曲线构成。这种水纹宋元之后较为常见，并增加了浪花与落花，其中落花通常为五瓣梅花，或穿插于流水之间，或点缀其上，以更具象的手法表现水的起伏与波光，被形象地称为“落花流水纹”。

落花与流水的组合，将水的横向流逝与花的纵向飘落，流水的不断与落花的时断时续相融合，塑造了一种既柔且弱的张力。对生命有限性的认识，在一定程度上受到佛学中宇宙本空、人生本空的般若智慧与中国文化内核的互动相关，即与气、阴阳、五行思想交融的影响。北宋末期释惟白《续传灯录·温州龙翔竹庵士珪禅师》：“落花有意随流水，流水无心恋落花。”禅僧借“落花”喻人的“眼见”，以“流水”指人的“真心”，阐释“眼见”无法体察“真心”的禅意。

文人在诗词中借落花与流水表达的情感虽因人而异，但大致不外乎感喟岁月流逝，一去不复返的无奈、感伤、孤寂，亦或释然。如柳永《雪梅香》：“想佳丽，别后愁颜，镇敛眉峰。可惜当年，顿乖雨迹云踪。雅态妍姿正欢洽，落花流水忽西东。无憀恨、相思意，尽分付征鸿。”又如赵以夫《二郎神·一江渌净》：“一江渌净，算阅尽、燕鸿来去。便系日绳长，修蟾斧妙，教驻韶毕未许。白白红红多多态，问底事、东皇无语。但碧草淡烟，落花流水，不堪回伫。”宋代落花流水纹多由梅花和曲线型波浪纹组合构成，与诗词所表现的意象相契合，也体现了宋代文人士大夫文化对织锦纹饰创造的影响。通过对具体物象的观照，目的是要超越这种有限物象的局限，最终指向无限的宇宙、人生。

纯粹的曲水纹和宋元明早期的落花流水织锦纹饰，立意深沉，表达了文人诗画之意。明代后期在落花流水纹的基础上增加了鲤鱼、杂宝等（图 1-45），其纹饰意趣已渐显区别，此时水纹所表达的是祈求富足的世俗欲望，不再是初时对光阴流逝、生命有限之深沉感悟的指代，更与清代织锦纹饰着意于繁花、蜂蝶的热闹喜庆景象大相径庭。可见，纹饰所指之意因时代、社会文化的更替而变化。

（3）人格与情怀的象征世界。孔子谈到对自然美的欣赏，如《论语·雍也》载：“知者乐水，仁者乐山；知者动，仁者静；知者乐，仁者寿。”孔子的这段话指明了人在欣赏自然物象时所表现出的不同取向。知者为何乐水？仁者为何乐山？孔子虽没有给出明确的解释，但似乎可以这样理解，即知者和仁者分别从水和山的形象、属性中看到了与自己道德品质相通的特点。朱熹正是从这个角度解释了孔子的这段话。朱熹在《四书章句集注》中说：“知者达于事理而周流无滞，有似于水，故乐水；仁者安于义理而厚重不迁，有似于山，故乐山。”按照这种理解思路，孔子的这段话包含了审美主体对审美对象具有选择性的意思，且这种选择是跟随审美主体的精神品质、道德情怀、性格的不同而变动的。

战国和汉代学者对孔子的这个命题做了进一步阐释和发挥，形成了所谓的“比德”理论。刘向（约公元前 77—前 6 年）《说苑·杂言》中有这样一段对话：

子贡问曰：“君子见大水必观焉，何也？孔子曰：夫水者，君子比德焉。遍予而无私，似德；所及者生，似仁；其流卑下句倨皆循其理，似义；浅者流行，深者不测，似智；其赴百仞之谷不疑，似勇；绵弱而微达，似察；受恶不让，似包蒙；不清以入，鲜洁以出，似善化；至量必平，似正；盈不求概，似度；其万折必东，似意；是以君子见大水观焉尔也。”

从上面这段话可知，由于水具有德、仁、义、智、勇、察、善化、正、有度和百折不挠的意志等品德，成为刘向观念中所赏识的对象，而托孔子之口道出。然而，水作为自然之物，其本身并不存在任何道德属性。从审美现象学角度而言，这是审美主体（人）与审美客体（自然物“水”）进入同构的状态，人有意将自然物的某些特点和人的道德属性进行了联系和比附，最后使自然物具备了人的道德属性，即用某种特定的自然物象来象征人的某种道德品质。可以说，人对自然物（水）的欣赏，由此所感受到的愉悦和美的享受，在更深层次上就是一种对由自然物所象征的道德内容、高尚品格的认同和赞赏。

车尔尼雪夫斯基在《生活与美学》中说：“构成自然界的美的是使我们想起人来的东西。自然界的美的事物，只有作为人的一种暗示才有美的意义。”依据这种观点，自然物象之美不是纯客观的，其中包含着审美主体即人的思想观念的成分，而后者往往是激发美感的核心内容。

这种“比德”的审美观不仅出现在绘画艺术之中，也以纹饰的形式出现于织物之上。最为常见的织锦纹饰有象征四君子的“梅、兰、竹、菊”，以及岁寒三友“松、竹、梅”，还有出淤泥而不染的“莲”。

魏晋时期，政治环境阴暗凶险，当时的“竹林七贤”代表了士人的审美趣味。嵇康、阮籍选择竹林而不是宫苑，与志同道合的朋友一起喝酒、聊天、清谈、吟诗、抚琴作乐，形成了一种独特的氛围。以枝枝独立而中空又有节的青竹，象征以“七贤”为代表的魏晋士人高洁的品性。这种士人美学趣味，在东晋发展为“兰亭之乐”。东晋书法家王羲之和一群士大夫，在自然山水之中的兰亭聚会，赏景、喝酒、作诗。兰草生于山谷，散发幽香，与竹林相比，是另一番清韵。到了晋宋时期，陶渊明远离朝堂，隐居于真正的田园之中。陶渊明独爱菊，菊的“淡泊”符合诗人超越现实名利、安贫乐道的心境。孔子“吾与点也”的自由，孟子的“独善其身”，以及老庄的回归本性与恬淡素朴，在陶渊明的归隐田园中得到了美学意义上的践行。这也是中国士人能走到的最远的地方和能达到的最高的境界。

两宋将中国文化推向了高、精、尖和深的历史阶段。宋代是士人阶层作为社会整合力量，在国家管理上的作用发挥得最为极致的一个时期。太祖赵匡胤在宋朝伊始就宣告，将与士大夫共治天下。士人在宋的社会地位十分突出。但宋代士大夫始终被两个大问题所困扰：一是北方有强悍的游牧民族建立的辽、金、西夏政权与宋对峙并立，宋人时常受其侵扰，却无力彻底反击；二是随着商品经济的空前发展，出现了市民阶层，他们的生活方式和生活趣味在士大夫眼中充满市侩的俗气。迫于这两方面的压力，宋代士人一方面重新高扬道德主体、内心情操，另一方面倡导士人的雅趣、文人的韵味。前者表现为宋代理学的建立，后者表现为都市园林的完善、文人画的出现，以及最能抒写宋代士人复杂内心的诗词。自唐中期白居易提倡亦官亦隐的中隐观念，都市中的小型园林住宅开始发展起来。到了宋代，士人的生活更加富裕优渥，活动于庭院里、文房中的士人以诗、书、画涵养情志，抒写心中的意趣。庭院中的假山流水、文房中的金石古玩，前者是天地间自然山水的象征，后者是古往今来时间的浓缩，这正是宋代士人胸怀天下的特有方式。庭院里种植的松、梅、菊、莲，是士人胸襟高洁的象征。莲，早在魏晋时期就随着佛教被传入，自那时起一直为世人所喜爱。最初，莲花因其在佛教中的特殊地位而在植物花卉中凸显出来，到了唐代则逐渐被世俗化。到了宋代，莲又有了一层新的涵义。莲，生于淤泥而纤尘不染及枝枝独立生长的特点，被文人发掘和渲染，进而成为具有时代特色的象征物。周敦颐的《爱莲说》，将莲比作花中君子，与菊之隐逸、牡丹之富贵相区别。对莲的推崇表现了一种介于大隐与小隐之间的中隐隐于市的人生哲学。宋代织锦上的各式莲纹，虽已从都市庭院的实境界中脱离出来，但寓于其中的则是宋代士人美学趣味的高雅和心灵。

元代，被誉为“四君子”的梅、兰、竹、菊在绘画领域异常兴盛。梅，不畏严寒，独自飘香，因此而受到众人的欣赏；兰，生长于幽谷之中，不因无人欣赏而不发清香；竹，自魏晋以来，就是高尚节操的象征；菊，自陶渊明以来，就成为隐逸的象征。曾为宋代士人最推崇的莲荷，在元一代，则极为少谈。元是蒙古族入主中原而建立的。汉族士人在异族统治之下，标举“出淤泥而不染”的品德，似乎有些不合时宜，因此“莲荷”在元代少有士人提及。然而，在宋代不怎么出彩的“菊”，以其与世无争的高洁品格，为元代士人所接纳，重现“四君子”行列。元代士人重新高扬隐逸的心态，从他们对菊的喜爱中流露出来。品德和隐逸的交织、连通，是理解和把握元、清与宋、明士人心态和审美差异的一个显著方面。在中国古代，士人的隐逸出现了两次高峰，一是六朝，一是元清。隐逸的外在表现为走向山林、田园，内在表现为超越现实的权势和财富，远离利益之争，寻求内心的平静和自由。在艺术方面，是山水诗、山水画、文人画；在美学方面，是选择独立于朝廷美学的士人的隐逸美学。

梅，在万木萧瑟的暮冬早春，凌霜斗雪，冲寒吐蕊，不畏严寒；兰，生长在深山幽谷之中，身怀异香，却不求显达，甘于寂寞；竹，有节有格，以直立身，贞以立志；菊，迎西风，傲霜挺立，不与百花争艳。将花木的天然习性，与人格内涵进行比照，在一定程度上也是古人对万物源于“气”，人与自然之物又是相通的思想观念的一种体现。总之，花木有各品，人德有参差。梅令人高，兰令人幽，菊令人野，莲令人洁，蕉与竹令人韵，秋海棠令人媚，松令人逸……各显风姿，移人性情。高蹈之士最推崇君子之交，因此被誉为有君子品格的花木形象，自然成为织锦纹饰中一道独特的风景。

1.4.1.3 织锦纹饰与世俗美学：祥瑞和圆满

《晋书·羊祜传》：“祜叹曰：‘天下不如意，恒十居七八，故有当断不断。’”南宋辛弃疾《贺新郎·用前韵再赋》：“叹人生，不如意事，十常八九。”宋人方岳诗：“不如意事常八九，可与语人无二三。”由此可见，现实生活中的事与物大多是不尽如人意的，然而在纹饰艺术中，却可以打破时间和空间的局限，将人的愿望尽可能地给予全面表达。宋陆游《老学庵笔记》载：“靖康初，京师织帛及妇人首饰衣服，皆备四时。如节物则春幡、灯毬、竞渡、艾虎、云月之类，花则桃、杏、荷花、菊花、梅花，皆并为一年景。”跨越空间和时间，将不同物象组合在一起，满足了人们追求圆满的愿望。

世俗美学既不同于朝廷美学那样有明确的政治目的，也不同于士人美学的高雅、意深，所反映的是一种普遍的世俗生活之风。朝廷美学是古代中国最高统治者及其官僚集团的威仪和权势的美学外显，主要通过典章制度、仪礼程式得以贯彻实施。士人美学是一群具有学识、才能与智慧之人的高尚人格与宽广胸怀的美学显现，以诗、书、画、乐、庭院建筑，以及茶、香、文房和古玩等予以抒发。世俗美学没有朝廷美学的权威性，也没有士人美学的深刻性，着眼于表达普通人既现实又不现实的期盼与愿望。这份希翼之情包含多个层面，既有丰衣足食的生存之需，也有追求功名利禄、永享富贵长寿的人生之欲。这种欲求不分社会阶层和社会地位，甚至不分男女老幼、学识修养背景，是大多数人的常情。世俗美学体现了一种广泛存在的求全的社会心理现象，在设计上也反映了创造的自由性和主动性。

织锦纹饰通过动物、植物、人物、人造物等形象的组合设计，表达出更为丰富的寓意，或更加明确的愿望。组合是一种综合性的纹饰设计手法。通过组合，不仅可以拓展纹饰的寓意内容，而且可以丰富纹饰的形式和美感层次。从设计过程而言，在进行组合设计之前，需对自然物象进行意义编码，然后将多个有特定含义的形象，按一定方式进行组合编码，使其意义更加完整或全面。但将一个物象与一种意义进行关联，并被社会认可，需要一定的时间，这也就是我们常说的约定俗成的效果。常用的意义关联方法，有谐音与象征。谐音，是利用物象名称的发音与一个抽象意义或概念相似或相同来表达相关的意义。比如蝙蝠的“蝠”与幸福的“福”，花瓶的“瓶”与平安的“平”等。在具体应用时，可通过蝙蝠的形象表示“福”，或者画一个花瓶来表示“平平安安”等。象征，也是用一个具体的物的形象来表示一个抽象的概念或意义，但不是借助物体名称的发音，而是这个物体本身与某个概念有些关联，或者是在某个时刻或场景下由于偶然的原因两者发生了联系，之后这个物象与这个概念又经多次被关联在一起而成为固定搭配，以至于人们一看到这个物象就会联想到这个概念。比如看到桃子就联想到长寿，因为在中国神话和传说中有王母娘娘用千年一开花、千年一结果的蟠桃庆寿，后来人们就有了用桃子祝寿的习俗，桃子不仅被称为寿桃，甚至成了长寿的象征物。类似情况还有：牡丹，象征富贵；石榴，象征多子多孙；等等。不同题材内容各自形成独立的意义符号，再通过不同意义符号的组合，产生新的寓意，或者使寓意变得更丰富。比如：五谷丰登，由灯笼、蜜蜂和麦穗组合而成；功名富贵，由牡丹和公鸡组合而成；富贵耄耋，由牡丹、猫和蝶组合而成；福寿三多，由桃、石榴和佛手组合而成；多子多孙，由石榴和孩童组合而成；等等。

将多种具有单一寓意的物象组合在一起，形成一个更全面的寓意，是一种设计方式。另有表示好上加好的设计手法。如“锦上添花”纹样，它由锦地和主花纹两个部分组成，对寓意进行强化表现。其地部先采用一种框架形式进行分块设计，各分割区域内填入各式几何纹构成“锦地”，锦地上再饰以形象饱满的主花纹，形成地纹与浮纹相配合表达寓意的设计范式。锦地的框架结构通常左右和上下都对称，显得端正大方，而嵌入其中的多种几何纹又极为细致规则，两者结合体现了一种集变化于统一的形式美感。地部的锦纹又与叠之其上的主花纹形成对比与烘托的层次关系，如锦地密不透风，而浮纹却疏可跑马；下层为无生命的几何纹，上层为形象生动的花草、动物纹。

此外，还有一种设计手法，它是给好事附加一个表示无限期、无止尽的辅助纹样。比如由一种“万字纹”重复延续构成地部纹样，其上再叠加或嵌套其他具有吉祥寓意的主题纹样。其中万字纹的连续设计形成绵延无极的含意，使得与之结合在一起的美好事物可以享用不尽。但是，当人们越来越关注寓意的“全”和“盛”时，往往容易忽略纹饰的形式上的美感，最终使纹样成为各种欲求的符号拼凑物，甚至完全丧失了寓意纹样含蓄、委婉和真诚的品质美感。

自明代中叶起，随着商业的发展，商人、地主、市民阶级逐渐形成，需要与之相适应的文学艺术和工艺美术。在文学艺术领域，小说、戏曲成为明清文艺的代表，而其所描绘的正是世俗人情。明清小说、戏曲中的思想意识、人物形象、题材主题等，与明清之前的文艺和士大夫传统的诗词歌赋，有了性质上的差异。在服饰纹样方面，表达吉祥寓意的组合型织锦纹饰开始盛行。直至清代的织锦纹饰，发展为“图必有意，意必吉祥”的境况。艺术形式的美感让位于永久享有富贵荣华的欲求，高雅的趣味让路于世俗的真实。商品经济的发展，加上科学技术的进步，使织机得到改进，织造技术也日益精进，这些都有利于织锦纹饰的设计表现。明清时期的织锦，无论是纹样造型和构图布局，还是纹样的尺寸与色彩表现，都较之前的织锦更加丰富多样，设计更加自由。

然而，从以老、庄哲学美学为主要根源的中国古典美学角度而言，这种为求盛求全而虚设构造的意象，其格调不高。老子《道德经》：“为无为，事无事，味无味。”其中的“无味”在老子看来就是至味。过度追求繁盛的纹饰，不仅格调不高，而且也是无法长久维持的，即盛极必衰。随着明清时期织锦纹饰设计思路的程式化，纹样越来越纤细繁缛，纹样的力量感和活力的一面受到遏制，这一点与中国古代社会走向衰落的趋势相吻合。

1.4.2 织锦纹饰的样式与审美特征

所谓织锦纹饰的样式，主要是指织锦纹饰的组织布局、组合排列的形式。织锦纹饰的组织排列形式，既与织物的其他加工工艺，如印染、刺绣加工形成的纹样有相同之处，也有因织造工艺特点而产生的独特之处。织锦纹饰是在织机上，通过经线和纬线的交织形成的，织造工艺复杂，受各方面的限制较多，而印染与刺绣加工工艺，尤其是手工刺绣，在纹样造型、布局和配色上都是非常自由灵活的，基本上不受限制，因此它们也成为织锦工艺技术提升的重要借鉴对象。但是在织造工艺的制约下，织锦工匠利用工艺的局限，形成织锦特有的组织样式和配色方法，这也是非常显著的。比如织机生产的机械性，有利于纹样重复排列形成特有的节奏感和规律性，而且重复的纹样是可以完全相同的，这一点是手工印染和刺绣难以做到的。随着织锦技艺在历史长河中的不断积累和突破，织锦纹饰的组合样式、色彩表现也时有创新。尤其是那些有意利用工艺局限酝酿出来的具有工艺特色的样式，是其他工艺所不能替代的。

1.4.2.1 织锦纹饰的内在样式

（1）直线样式：条带与框格。织锦纹饰的直线样式，可分为简单条格样式和复杂几何框格样式。

作为纹样组织形式的条格样式，不同于无纹饰的单纯由色条组合产生的条格纹样，而是先由单元纹样排列成横条或竖条，其再按一定规律组合，形成更加丰富的以条、格为纹样组织样式的织锦纹样，比如对龙对凤锦（图 1–6）、战国舞人动物锦（图 1–9）、凤鸟凫几何纹锦（图 1–25）等。

条格样式的变化因素可概括为几个方面。一是条格的宽窄、粗细变化。二是将由纹样构成的条、格和纯色条进行各种形式的组合，并表现出以纹样构成的条、格为主和纯色条为辅的组合特点。三是条和格本身性质的变化，比如条，除了水平和垂直的直条之外，还有各式的折线型；而格，除了如同棋格的直角格子，还有各种菱格。四是由菱形、棋格进行纹饰画面的分割，并在分割产生的空间内填充动物或人物纹样。

条格样式是早期织锦纹饰组合样式的典型，究其原因可解释为两点。其一，在唐之前，提花织物是采用经线来表现纹样的形状和色彩的，而经线在织造过程中无法随时替换，因此为了丰富纹饰的色彩，产生了分区换色的整经工艺，反映在织锦纹饰的组织样式上，就是条格组合排列。其二，受制于织机的制织性能。从春秋战国至两汉，最为先进的提花织机是多综多蹑束综织机，虽从周代的十几片综框增加到了几十片，甚至近百片，并结合了束综提花装置，织机的纹饰织造性能有了显著的提升，但在织制复杂的大花纹时仍有困难。因此，无论人物、动物还是植物，大多以几何化造型，并以条带、菱格、棋格等几何框架样式组合布局为时代的特色。在织锦工艺发展的历史初期，条格样式虽由客观因素造就，但组织样式本身就具有显著的节奏感和明确的规律性等审美特点。在被誉为“晚清三绝”的蜀锦，即雨丝锦、月华锦和方方锦上，可以看到条格样式的进一步发挥和演变。

复杂几何框格样式，是指由四边形、六边形、八边形、圆形或菱格形等几何形或类几何形组合形成框架，再在框架中装饰花草、动物或几何纹等。几何框格的组合变化虽十分丰富，但可概括为两类。一类是由一种或两种及两种以上几何形组合构成的，它们或相互嵌套或间隔排列布局，如球路纹，即由单一圆形构成框架；或如锦地开光，在满地细密纹理中嵌入一种或多种几何形等。另一类是由多种几何形进行纵向、横向或斜向连接构成的，框格和框格中的纹样错杂融浑，既规矩又繁复，汇多变于统一，如四、六、八达晕样式，以及天华锦（图 1-54）等：以装饰性的牡丹花为主纹样，置于由如意云头纹组合而成的圆形框内，四角配相同花型但置于由正方形和菱形组合而成的框格内，五个花型之间彼此连通。

图 1-54 天华锦

从组织布局的角度来看，复杂的条带框格样式由三个层次构成：一是条带、框、格本身的位置布局；二是条带、框、格内部的组织构成；三是条带、框、格外部的填充纹样。其中，第一个层次是整体性的层次，也是体现样式主要特征的层次；第二个层次是第一个层次的内部样式，虽然不是体现样式主体特征的部分，但其中的纹样往往作为主花纹；第三个层次为辅助纹样，一般为规则的几何纹、朵花纹、连枝纹或缠枝纹等。第三个层次既可填补非规则的框格外部空间，又可以与主花纹构成主次关系，进一步丰富纹饰层次。第二个层次的内部组合形式主要为对称式，既有左右对称、辐射对称，又有旋转对称等。比如被称为联珠纹、团窠纹的纹样，就属于第二个层次。其中，联珠纹由大小相同的圆形构成，每个圆形周围由小圆形环饰，圆形中间饰以动物、人物或花树等主花纹，有“联珠对鸟纹锦”“联珠鹿纹锦”“联珠对马纹锦”等。圆形相接处再饰以朵型纹饰，而外围空地用其他祥瑞花纹填饰，这些祥瑞花纹就属于第三个层次。

从工艺的角度而言，这种蕴含在条带框格样式中的对称组合设计，恰好发挥了提花工艺本身的优势，亦或是为了突破工艺局限而形成的独特样式。无论是多综多蹑织机或者是在多综多蹑基础上结合束综的提花装置，其能织制的循环单元纹样尺寸最多十几厘米。到了明清时期，挑花结本的大花楼织机虽在表现纹样尺寸上有了较大提升，甚至可以织造超阔幅的佛像、人像，但连续性纹样的循环单元纹样尺寸不会太大。然而，这种对称式纹样设计，在现有织造条件下，通过将升降规律相同的经线穿入同一片综框，再对应增加一倍的经线数，就可以实现，且不增加织造难度，最终所得完整纹样尺寸则可以两倍于单元纹样尺寸。因此，在织锦纹饰中，条带框格样式极为普遍。

条带框格样式既可以构成极为简洁、规则的织锦纹样，又可以实现锦中套花、花中套锦的织锦纹样，并且经过左右、上下对称组合，可以使纹样显现出端庄、严谨和大方的风格特点，满足于较为正式、严肃场合的需求。

（2）曲线样式：串、缠枝。串、缠枝样式是指采用曲线组合和连接题材对象的纹样组织形式，主要有串枝和缠枝纹样。串、缠枝样式跃然于锦面之上的时间，晚于几何框格样式。秦汉之前的染织纹样一般都是几何纹和几何化的动物纹，而汉代则是各种动物纹与云气纹的组合纹样的表现舞台。到了魏晋南北朝，随着佛教的传入而出现的植物花卉题材，进入唐代之后得以蓬勃发展，而适用于植物花卉题材组织构图的串、缠枝样式得以成型，可以说，串、缠枝样式是植物花卉题材图案自然发展的成果。串、缠枝样式的植物花卉纹样在宋、元时期得到进一步的发展，应用更加广泛。直至明清时期，植物花卉题材纹样成为染织纹样的主体，而串、缠枝样式为其主要表现形式之一。串、缠枝样式的骨格是曲线，其变化极为多样，大致可以从三个角度进行概括。一是曲线的线型，可分为漩涡状、自由卷曲状、波浪状，以及程式化的S型或C型曲线等；曲线既有连续，也有分段组合，变化灵活。二是曲线与曲线之间的空间关系，既可各自独立，也可相互勾连。三是曲线的意象，将其变化为枝干或藤蔓，组合花、叶等形象，整体构造自然。

在串、缠枝纹样出现之前，已有忍冬纹和卷草纹，它们被认为与缠枝纹有着某种继承关系。但从纹样的命名上来看，忍冬纹和卷草纹规定了表现题材和内容，而串、缠枝纹样仅限定了枝干的组织样式，并未对表现内容有任何规定。忍冬是一种植物，卷草一般以表现叶子为主，而串、缠枝却可以用于任何花卉、果实甚至动物和人物的组织构图。因此，串、缠枝纹成为一种纹样的组织形式，而不是某种具体的纹样，所以有了缠枝葡萄、串（缠）枝莲、串（缠）枝牡丹、串（缠）枝龙凤（图 1-42）等。

作为一种组合和连接的骨格样式，“缠枝”一词给人的印象是既具体又抽象的，而且本身就是一个矛盾的统一体。缠枝的“缠”字涉及多种特征：一是指枝自身的蜷曲或自我缠绕；二是指不同枝与枝之间的勾连、交叠；三是指枝与叶之间的前后缠绕；四是指枝叶组合之后对主花的包围、烘托之势。徐仲杰在《南京云锦史》中提到，在云锦缠枝莲的纹样设计口诀中有“梗细恰如明月晕，莲藤形似老苍龙”，把环绕在莲花四周的枝梗比喻成月晕和老苍龙。可见，这里所指的缠枝对应的是上述第四种特征。该文献也明确提到了缠枝与串枝的区别：缠枝是主要枝梗，必须对主花的花头做环形缠绕；串枝则用主要枝梗把主花的花头串连起来。但尤景林在《华章御锦》一书中认为，缠枝与串枝的区别在于枝干的连续与断开，缠枝纹的枝干是连续的，而串枝纹的枝干是断开的。此外，绝大部分文献对缠枝与串枝是不加区别的，全部称其为缠枝纹。笔者认为具有第四种特征的才是缠枝纹，而其他三种特征只是缠枝纹的次要特点。如果没有第四种特征，就不能称其为典型的缠枝纹，而只能称其为串枝纹。

织锦上的串、缠枝纹在风格特点方面，从历史的角度来看，唐代的缠枝纹较多作为主题纹样的边饰，组合成团花纹样（图 1-55、图 1-56），也有连续组合构成四方连续纹样。

图 1-55 缠枝朱雀纹锦

图 1-56 缠枝对鸳鸯团花锦

宋代，织锦上的串、缠枝纹较为少见，但绫、纱、罗等织物品种上有串、缠枝纹的身影。这些串、缠枝纹通常有较为硕大的花头，纹样风格既有写实的，也有装饰性的。这可以解释为：一是纱、罗等轻薄织物在宋代受到上层社会人士的喜爱，因此较织锦

更为流行；二是在绘画领域，花鸟画逐渐兴盛，尤其是工笔花鸟画，注重对花鸟自然形态的写实表现，这对织物上的装饰纹样产生了影响。

元代，串、缠枝纹基本延续宋时期的风格样式，除了作为主体花纹的缠枝纹之外，还出现了将缠（串）枝纹作为地纹，用于衬托其他主花纹的使用形式，既有工整庄严的造型风格，也有轻快活泼的纹样组合。

明清时期，织锦技术有了大幅度提升。明代串、缠枝纹的配色更加丰富，在保持花大、叶小、枝干细的主体特点基础上，出现了将龙凤、团花作为类似花头的设计，以及具有写意风格的花、叶和枝处理手法，拓宽了串、缠枝纹的组合样式。清代织锦上的串、缠枝纹，整体造型工整细致、布局严谨，出现了连缀排列的串枝纹。南京云锦妆花品种上的串、缠枝纹一般配色丰富，纹饰造型饱满，花头廓形与大小一致，不分主次，排列规则分明，极具节奏感和气势。南京云锦库缎上的串、缠枝纹则相对细小、疏朗，花头造型一般有主次之分，或有不同品种之别，并且枝叶表现出走势自由、穿插随意的特点。可见，织锦品种的不同在串、缠枝纹的风格特点上也有所体现。

相对于以数理取胜的条带框格样式，串、缠枝样式以流动的韵律美见长。串、缠枝样式构成一种饱含运动的秩序，这种秩序不是平铺直叙的，而是在婉转流动中，展露无限生机的生命气息。在中国古典美学中，通常将艺术作品的美分为两种类型，即壮美和优美，或是阳刚之美和阴柔之美，并且要求两者相互渗透地统一在一件艺术作品中。这种美学思想的文化内涵可以追溯到《易传》和《道德经》。《易传·系辞上》："是故有易太极，是生两仪，两仪生四象，四象生八卦。"从混沌无极经过太极演变为阴阳两仪，再由阴阳两种能量的不同比例和结构生成万事万物。这两种能量在所有物质上以不同的方式存在。老子《道德经》第四十二章："道生一，一生二，二生三，三生万物。万物负阴而抱阳，冲气以为和。"道首先生成一团混沌的元气，从这团元气中又生成阴阳两种能量，由这两种阴阳能量又生成万事万物，这个"三"就是由阴阳和合产生的，即具体又多样的事物，如一朵梅花、一棵青松等。易传所提的"两仪"和老子道德经中的"二"所指都是阴阳两种状态或能量，反映在中国古典美学上，就形成了阳刚之美和阴柔之美两种审美范畴。但是，一个具体的事物总是既有阴又有阳，如以阴盛则显阴柔之美，阳盛则以阳刚之美取胜。串、缠枝样式从整体上属于优美的审美范畴，仅"花枝缠绕"之意象，就足以表示其所属。刘熙载将诗的审美意象分为四类：花鸟缠绵，云雷风发，弦泉幽咽，雪月空明；将赋的审美意象分为三类：屈子之缠绵，枚叔、长卿之巨丽，渊明之高逸；将曲的审美意象也分为三类：清深，豪旷，婉丽。串、缠枝纹饰既可有诗的花鸟缠绵，又可有赋的屈子之缠绵和枚叔、长卿之巨丽，也可以表现渊明之高逸；再者，还可取象如曲的婉丽之品。串枝样式较缠枝样式更显自然、柔和，而缠枝样式在优美之中又显露一种强烈的韧性和程式化的力量感。尤其是硕大饱满的花头，在近似圆形的枝梗的烘托之下所产生，将阴柔和阳刚之美融浑于一体。

（3）散点样式：团花、折枝。散点样式是指各自独立、互不相连的单独纹样排列组合的构成形式。散点排列既可以构成二方连续纹样，也可以构成上下、左右四边均重复连接的四方连续纹样。单独纹样可分为两种类型：一是有一定外形的团花形式，如圆形、水滴形、橄榄形等；二是自身完整且无特定外形的形式，如折枝花、一只动物等。

根据一个循环单位中单独纹样数量的不同，可分为一个散点、两个散点……，到八九个散点，有时多达十多个散点。一个循环单位中单独纹样（散点）的数量越少，则一个散点的尺寸越大，纹样越有气势。传统织锦纹样的散点排列，无论是团花还是折枝花，在布局上一般都是均匀规则的，即在一个循环单位中，单独纹样之间纵、横两向的间隔各自相等，这样可以避免因纹样的自由、疏密排列而造成的花地分布不均衡，从而限制了织物组织的配置。因此，均匀规则的散点排列在古代传统织锦上运用非常普遍。然而在印花纹样的设计上，就不存在这个问题，这也可以看作工艺因素的局限造成的纹饰设计方面的特色。

① 散点团花。团花一般被认为是圆形的，其实团花可以有其他外形。这如同点的概念，一般认为点是圆形的，即圆点。但在造型艺术中，点可以是其他任何形状，如三角形、六边形，以及偶然产生的不规则形等。点的定义不是根据外形，而是点的面积，即与其他形或背景相比较而言，在面积上是小的，那就是点，而与外形无关。同理，对于团花的界定，不应该只抓住外形这一点，而是指将造型元素组合构成一定面积的有块面感的纹样形式。圆形可以看作团花最经典的形状，团花的其他形状有椭圆形、水滴形，以及两头尖、中间大的橄榄形等。虽然圆形不是团花唯一的外形，但圆形团花在纹样史上最为常见，也正是因其具有圆形的外形而得名“团”花，但之后的发展拓宽了团花的设计方向，也丰富了团花的内涵。

除外形设计因素之外，团花还有边的设计内容。在唐代，人们通常将有边的团花称为团窠纹，无边的也可以称为无窠团花。团花边饰的构成主要有两种形式：一是联珠式；二是花边式。联珠式由圆点排列构成，花边式由植物花草构成。花边式又可分为两种：其一是有花茎或枝梗连接的纹饰，类似卷草纹或缠枝纹；其二是无线条连接的散花边饰。联珠式和花边式在使用时间上有先后之分，联珠式团花流行于隋至初唐，8 世纪初逐渐被花边式取代。隋唐时期有联珠式和花边式（有枝梗）边饰的团花，其中心纹样通常是朱雀、凤鸟、羊、鹿、马等动物题材，它们或为单只，或为左右对称站立。据文献记载，这种样式起于初唐，流行于盛唐和中唐。其中花边式和成对动物的组合设计，即被称为“陵阳公样”的纹样。陵阳公样在圆形的外轮廓和边饰的衬托下，彰显了大唐雍容华贵、气势宏大的时代气质。

团花中心纹样的组织形式和团花的外形，在宋代都有创新。隋唐时期的团花，其中心纹样的组织形式主要是独幅、左右对称或辐射对称，且以左右对称最为常见。到宋代，团花纹样出现了旋转对称的组合样式，根据纹样旋转方向的不同，分为相对旋转和相背旋转两种。采用这种构成形式的纹样，被冠上了极具人情味和诗意的名称“喜相逢”。

团花造型的多样化与题材内容的丰富并行发生，团花内部的纹样组合设计也更为灵活，跳出了对称的设计方法。如水滴形的团花，其表现的题材或者是春天池塘边的景物和景象，或者是秋天山林中的风光和动物形象，亦或是两者的组合。非圆的异形团花设计，以及对图案意境的追求，使团花的设计更加自由灵活，丰富了团花的设计类型。无窠异形团花在元代得到进一步发展，在形状上出现了梭形、五边形和水滴形等，这种纹样在金、元文献中被称为“搭子”或“答子”。《大金集礼》：“二品三品服散搭花头罗。”元《通制条格》：“官职三品服金答子，命妇四品服金答子，六品以下服销金并金纱答子。”

无边饰的异形团花纹样的文化溯源，大致有以下两个方面：

第一，受辽朝帝王四时出行制度的影响。《辽史》记载：“辽国尽有大漠，浸包长城之境，因宜为治。秋冬违寒，春夏避暑，随水草就畋渔，岁以为常。四时各有行在之所，谓之捺钵。”春季到湖边猎捕鹅、雁；夏季到山中的池塘赏莲，游猎，议国事；秋季入山射猎鹿、虎；冬季在沙地扎营，议国事，校猎习武。受辽“四时捺钵”的影响，金朝帝王也仿照推行了“四时游猎，春水秋山，冬夏剌钵”的制度。四时捺钵的情景和湖光山色，进一步成了辽、金时期金、玉、瓷器、石刻等器物，以及服饰织物的表现主题，于是富有场景感的“春水”和“秋山”团花纹成了纺织品上常见的纹饰。春水纹主要由池塘、河流、鹘鸭、雁鹅、花卉等构成，结合水滴形的外形造型，十分贴切地表现了春天“春意盎然”的意象。秋山纹则主要由鹿、兔、羊等动物和树木花草组合构成，有时也直接运用山的造型，构成圆形、五边形或水滴形等团花。在元代，这类纹样通常用于织金锦，纹样为单一金色，形成花地两色的配色效果。

第二，与棋弈、博戏等娱乐活动相关。《金史》载：“女直旧风，凡酒食会聚，以骑射为乐。今则弈碁双陆，宜悉禁止，令习骑射。”《元史》载：“帝每即内殿与哈麻以双陆为戏。”双陆棋骰子的点数在读法上从一点到六点，分别为亦、涂打、栖打、察打、班打、失打。这类无窠异形团花被称为搭子，被推测为是当时的人们将其与博戏用具，以及骰子点数读音进行联系而产生的，但这只是一种推测。另外一则相对具有说服力的例子是樗蒲纹，该纹样与一种名为“樗蒲”的博戏所用骰子的造型直接相关。这种博戏被称为樗蒲，是因为其骰子是由樗木制作而成的。樗蒲骰子在外形上类似橄榄形，两头尖，中间大。樗蒲纹就是以樗蒲骰子为团花造型，里面的纹样既有植物花卉，也有龙凤等动物纹样。

② 散点折枝。折枝是指由花、叶、茎或枝干构成一个独立纹样单元，单元纹样之间互不连接的构成形式。折枝犹如树上折下的一枝花，或地上生长的一小丛花草，前

者用于表现木本植物，后者适用于草本植物，但从字面上理解，折枝的“折”字，与木本植物联系在一起更加贴切。折枝样式与团花样式和串、缠枝样式相比较，其主要特点除了组织形式方面，还指向表现手法方面。折枝纹样一般以写实的手法表现花草树木的天然生长形态和自然风貌。因此，在宋代折枝样式的纹样也被称为“写生花”，可见其旨趣所在。折枝样式虽在唐代中期已出现，但兴盛于宋、元时期。

唐代折枝花似乎还未出现在织锦品种中，并且大都以手绘、印花或刺绣的形式装饰于织物之上，在表现上也以整体姿态为主，尤其是小型花卉纹样，没有太多细节，仅有大体廓形。宋代折枝花不仅表现的花卉样式丰富，且种属对应明确，纹饰的写实变化能力可见一斑。众所周知，宋代在绘画领域出现了工笔花鸟画，花鸟题材被宋代帝王、文人士大夫所重视，从山水画、人物画的陪衬变成了主角，而这一时代的风气、审美趣味也体现在织物的纹饰之上。大多数学者会认为，宋代工笔花鸟画的写实风格影响了织锦纹饰的设计风格，而笔者认为并不必然是后者受前者之影响才发生的。绘画作品的创造者和欣赏者，与绫罗绸缎的享用者是相同的群体，工匠只是依据他们的所好进行造物，所以并不一定就是工笔花鸟画创作者拓宽了织物纹样设计者的视野，并提高了后者的写实造型和描绘能力。毕竟设计纹样的匠人和花鸟画家是两个不同的群体，后者如何提高前者的写实造型能力？工艺美术领域出现了写实风格的植物花卉纹样，不排除绘画领域对工艺美术的影响，但更应该是纹饰设计领域的自主发展。

1.4.2.2 组织样式的形式美

一个事物能成为美的事物，一个人能成为感受到美的主体，是因为我们都源于宇宙的“一”。西方美学关于美的宇宙同一性，体现在一种现象之物与宇宙本体的三层结构之中，即事物之美由三个层次融合而成，这三个层次包括外在之形、内在之式，以及使“式”成为“式”的宇宙本质。中国美学关于美的宇宙同一性，表现为事物的外在之象、事物的内在之气，以及物之气与天地之气的相通性。两者既有相似之处，又有因文化而产生的差异，显现出各自的特色。西方美学讲求的形、式和宇宙的本质更显实体性特点，而中国美学中关于象、物之气和宇宙之气更显虚体性。织锦纹饰在组织结构上所体现的美，属于第二个层次。条带与框格的纹样组织形式，比较适合采用西方美学中突出实体性的内在之式进行分析，而串枝、缠枝的纹样组织形式与中国美学中气韵流动的形式更加贴切。

条带和框格结构样式从形式美的基本要素角度而言，是以直线为基本元素的组织形式。直线与曲线相对，包括水平线、垂直线和不同斜度的斜线。水平线给人以休息、平静和稳定的感觉。垂直线相对于水平线有运动的可能性，它的运动方向是向上或向下，是升腾或下沉，给人庄严肃穆的感觉。斜线是三者中最富运动感的线型，它不是想要垂直竖起，就是倾向横倒着地。垂直线、水平线或斜线中的一种组织纹样，就以各自纯粹的特性影响观者，以整体的统一性投向注视它的眼睛。然而，垂直线与水平线的交织组合，或斜线与斜线的组合，或各种组合的再组合等，通过各种运动方向和力的交织，产生了丰富的力的样式之网。这种组织样式表现的美具有数理与数列的性质，属于一种节奏之美，给人以稳定、秩序、庄严和神圣的美感，比较适用于严肃、正式的场合，同时也是早期织锦纹饰的主要组织样式。

串、缠枝纹样的组织形式，虽然也是一种以线为运行轨迹的样式，但不是直线而是曲线。曲线具有柔性与感性的特点，并且串、缠枝纹样具有相对自由舒展的设计空间，更贴合动植物的自然生长状态。这种组织形式可以通过曲线的曲度和起伏变化的节奏展开，以及在一个循环中通过交叠、穿插，形成流畅而充盈的内在结构张力。以串、缠枝为代表的纹样组织形式，以韵律美取胜，是一种富有运动感、生命感、现实感和轻松感的织锦纹样结构，尤其适用于花鸟、植物题材的组织表现。在适用场合上，既可以出现在比较隆重的正式场合，也适合日常家居所用。

散点样式的织锦纹饰，在组织结构上表现出与条带、框格及串、缠枝结构样式完全不同的特点，以点的重复出现，通过视觉逐点追逐形成线感，甚至面感。其独特之处是，所有点都极力趋向线、面的样态，而又只能达到虚的线和虚的面，留有大量的空隙。古代织锦纹饰的散点排列一般都是规律性的，所以多个规则排列的散点，既可看作水平虚线，也可以看作一列列垂直虚线，还可以看作斜向排列的虚线。虚的特色在散点样式中最为显著，散点排列留给观者最广阔的想象空间。

1.4.3 织锦纹饰色彩与时代特色

春秋战国时期织锦纹样的配色，以红色、黄色、棕色等暖色系为主，在色彩明度上拉开层次，几种色彩反复使用，达到以少胜多的色彩效果。因此，纹样色彩明亮而又统一，表现出富丽而古朴的时代特色。

秦汉时期的染织工艺有了明显进步，一方面表现在生产规模和地域的扩大，另一方面是印染织绣工艺的进步与完善。在织造方面，不仅脚踏提综织机得到广泛采用，还设计出多综多蹑的织机，而且出现了束综提花机。由于织机和织造技术的进步，汉代丝织品不仅品种繁多，而且更加精美。汉代织锦的花回尺寸较先秦时期更大，色彩更为丰富艳丽。

唐代织锦由于纬锦技术的推广应用，纹样色彩丰富多彩，一幅锦面上的色彩甚至可达十种以上。在色彩的处理上，往往以地纹色彩的对比色作为主体花纹的色彩，使主体花纹醒目突出；同时采取分散对比色的使用面积，或采取色彩的层层退晕手法，或以金、银、黑、白、灰等中性色进行包边间隔处理等多种方法，造成唐代多套色织锦纹样色彩既鲜艳夺目、富丽堂皇又协调统一的效果，如银红花鸟纹锦、天蓝地牡丹锦。

北宋政权采取“守内虚外”的政策，对内采取中央集权，严防藩镇割据，对外忍辱求和，而南宋更是偏安一隅，乞求苟安。弥漫于宋代统治阶层及文人士大夫中的审美趣味和理想，已没有盛唐时期富贵、安乐、奢侈的特色，而是充满闲情与闲愁的情调。同时，受程朱理学的规范，装饰图案更讲求格律，色彩淡雅。

元代的工艺美术发展是不平衡的，有的停滞不前，或凋零衰落，而有的发展繁荣，尤其是一些供统治阶级享用的奢侈工艺品，有了新的突破和创造，丝织工艺就是其中之一。元代最具时代特色的丝织工艺品种是“纳石失”。纳石失是波斯语的音译，指一种加金的丝织物，即织金锦。大量使用金线是元代织锦的独特之处，也反映了少数民族的审美特色。

明代丝织，除了传统工艺不断出新外，改机、妆花和本色花等都是明代丝织工人所创的，丝织物品种繁多，花样翻新。明代丝绸纹样的色彩浓重、艳丽，色调爽朗又沉静娴雅，讲求对比与调和的统一。就明代丝绸纹样色彩与唐、宋、元的丝绸纹样色彩相比较，唐代丰满富丽，宋代素雅清淡，元代华贵浓艳，明代则是既艳丽明朗又协调统一，达到了臻于完美的程度。

清代丝织中，云锦仍然以南京织造的妆花最华美，色彩丰富，并且多使用金线，花朵硕大饱满，富丽堂皇；苏州宋锦花色优雅秀丽，规则工细；蜀锦利用彩经条纹与彩纬交织，形成丰富的纹样色彩变化。总体来说，清代丝绸纹样可分为三个不同的发展阶段：早期，仿唐仿宋，纹样细密，色彩淡雅柔和；中期，纹样繁缛华丽，受到洛可可艺术的影响；晚期，纹样写实，色调清新，但出现了衰落趋势。

2 惟妙惟肖之近代织锦

2.1 杭州织锦：都锦生织锦与西湖织锦

浙江杭州建城于隋代开皇九年（589 年），杭州丝织业在唐代后期有了起色，主要生产绫、纱等轻薄织物，没有织锦。当时全国的织锦中心在四川成都，生产的蜀锦闻名天下。吴越时期，钱镠在杭州设立了官营丝绸作坊，从蜀地引入织锦工，杭州织锦自此起步。吴国和越国归宋后，杭州成了“东南第一州”，丝织业继续发展。元代统治者曾在杭州设织染局，织造金锦“纳石失”。元末因战乱、火灾，杭州丝织业受创而衰弱。直至明中期，杭州丝织业才得以恢复元气，逐渐兴盛，获得为朝廷织造龙袍等上贡绸料的资格。清代，杭州与江宁、苏州合称江南三织造，继续为朝廷生产各类缎匹。

杭州的织锦业虽然起步时间不算晚，但在民国之前，却没有形成如四川蜀锦、苏州宋锦和南京云锦这样独冠全国的盛名。其中原因之一是杭州除了生产织锦之外，更富盛名已有杭纺、杭绸、杭罗等素色轻薄之物。到 20 世纪初，杭州抓住了时代发展的新机遇，引入新式提花装置、织机和新的丝织原料，并学习新的提花织造技术，开发新的织锦类产品，使“杭州织锦”走到全国织锦的前列，成为了近代四大名锦之一，与传统三大名锦并驾齐驱。

杭州织锦在近代的崛起，离不开杭州近代著名实业家都锦生，由他首创的以西湖风景为题材的丝织画，在当时代表了国内丝织设计、生产技术的最高水平。由都锦生创办的丝织厂在黑白丝织画的基础上，又研发了五彩织物、丝织台毯、西湖绸伞，以及仿法国棉织油画风景的“西湖风景”等产品。都锦生丝织厂生产的丝织产品被称为都锦生织锦，这些产品主要体现出三个特征：一是使用贾卡提花织机，将传统的人工拽花和投梭、接梭、打纬等动作改变为机械操作，节约了劳力；二是运用冲孔纹版取代“挑花结本”，使经线的升降运动更加自由，能织造更大循环尺寸的纹样；三是采用都锦生研制的影光组织，有效突破了传统织物组织局限于对色块的表达，走上了表现物象光影与明暗变化的设计方向。

自20世纪20年代都锦生试织丝织风景画成功，并创办丝织厂打开产品销路之后，杭州的其他丝织厂也开始效仿。1926年以来，杭州先后有启文、国华、西湖等丝织厂生产以西湖风光为题材的丝织风景画。但都锦生织锦始终是最富盛名、最具代表性的杭州织锦。

杭州地区生产的近代织锦还有“西湖织锦”这一名称。对于西湖织锦，可以有两种理解：一是等同于杭州织锦，“西湖”指代杭州，以局部表整体；二是专指以西湖为表现题材的织锦，西湖指其自身，首先指西湖的自然风光，其次指以西湖为背景的文学作品中故事情节的图像化表现。第一种倾向于地理位置的概念，第二种着重于织锦纹饰的表现题材和对象。取前者时，西湖织锦与杭州织锦基本等同；而取后者时，西湖织锦只是杭州织锦的一个组成部分，属于杭州织锦范畴。都锦生织锦中有很大一部分产品，都以西湖自然风光的黑白摄影作品为表现题材，如平湖秋月、花港观鱼、雷峰夕照、三潭印月等西湖十景。如西湖织锦作第一种概念，则都锦生织锦将包含于西湖织锦范围；若西湖织锦取第二种概念，则它仅仅是都锦生织锦中的一个品类。

2.2 杭州织锦的品种

在历史上，杭州地区生产的织锦与四川蜀锦、苏州宋锦、南京云锦一脉相承，虽不曾独领风骚，但也有一千多年的稳定积累，织锦技术扎实。到了近代，杭州丝织业抓住了工业革命的时代机遇，并将杭州的西湖山色融入织锦之中，形成了独特的艺术风格和技术特点，在织锦领域脱颖而出，成为后起之秀。

杭州织锦的品种，按表现对象的性质分，有摄影作品类织锦、绘画作品类织锦、书法作品类织锦、图案类织锦等；按用途分，有装饰用织锦、服用织锦、家用织锦等；按色彩分，有黑白织锦、彩色织锦等。其中最富时代特色的是风景和人像的摄影作品类织锦。

2.2.1 像景织锦

2.2.1.1 黑白像景

（1）表现对象。像景织锦属于摄影作品类织锦，是人像和风景题材的合称。人像题材通常为伟人、名人与领袖人物。风景题材主要有四季西湖景色、西湖著名景点，见图2-1，后来发展为国内其他省市的特色风光，如黄山、长城、颐和园等风景。早期像景织锦为黑白提花织物，也有在黑白提花织物的基础上着色的彩色像景。

图 2-1 九溪十八涧黑白织锦

（2）组织结构。黑白像景织物是由一组经线和两组纬线交织而成的纬二重提花织物。其中经线为本白色，纬线黑、白各一组。经线和白纬交织为地色，背衬黑纬；经线与黑纬交织表现图像色的深浅变化时，白纬背衬，见图 2-2。图 2-2（a）所示的是织物表面是由甲纬与白经交织成经重平组织结构，背衬由白经和乙纬交织构成的 8 枚经缎。甲纬和经线都是白色，所以该组合组织使织物正面显现为白色，可以表现图像的白地部分，当然背衬组织也可以是 16 枚经缎。这种组织结构也可以用于乙纬与经线交织构成经重平，背衬纬线换成甲纬也是可行的，但由于乙纬一般为黑色，所以织物正面显现为黑灰色而不是白色。图 2-2（b）所示的是织物表面显现为乙纬的纬线色，背衬由甲纬与经线交织的经重平组织，在结构上与图 2-2（a）地组织正好相反。当乙纬与经线交织为一系列影光组织结构时，即可以表现从白经色过渡为黑纬色的明度变化效果。图 2-2（c）所示的是一种共口组织，即甲、乙两纬与经线交织的织物组织相同，由于两纬为一黑一白，合并在一起远看为灰色，再与白经交织之后，可以表现一种灰的织物色。

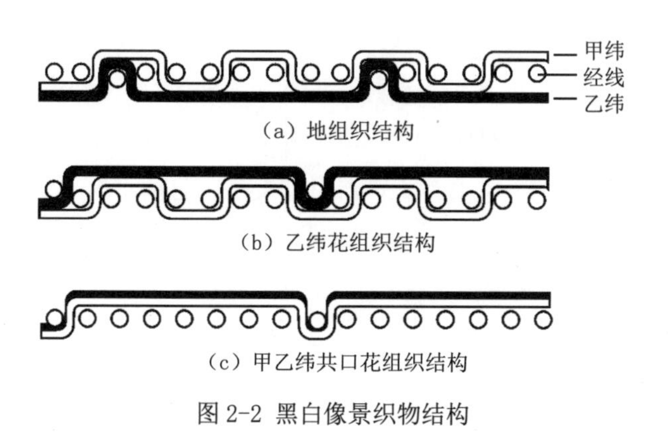

（a）地组织结构

（b）乙纬花组织结构

（c）甲乙纬共口花组织结构

图 2-2 黑白像景织物结构

仅从纬二重的织物结构而言，黑白像景并不复杂，相较于多数传统织锦，实际上更为简单。但关键在于织物组织的变化上，由于采用了能使经、纬组织点连续变化的影光组织，可以致力于对物象光影变化的细腻表现，这一点是全新的设计思路。然而，这在传统的手工挑花结本、全手工织造的条件下，是难以实现的。

黑白像景的影光组织从 16 枚纬面缎纹组织，过渡为 16 枚经面缎纹组织，按每次增加 8 个组织点计算，共有 29 个 ①，如图 2–3 所示。这组影光组织的组织点过渡在增加方法上是非连续的，着重于组织点在空间分布上的均匀性，所以从织物组织的交织平衡性而言，并不理想；尤其是当过渡到平纹组织时，见图 2–3（15），织物的织缩达到了最高点，必须借助白色纬与经线形成交织点较少的组织加以平衡。这也决定了采用这种影光组织时，必须有两组纬线相互调节配合，以保证整体交织结构的平衡。

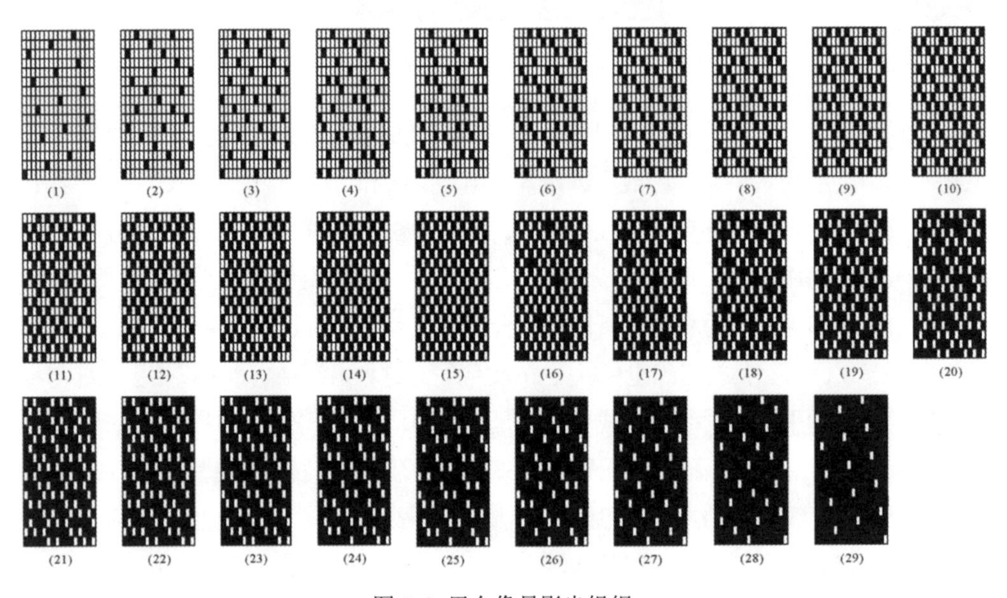

图 2–3 黑白像景影光组织

一组白色经线与两组纬线中的黑色纬线交织并呈现于织物正面，同时不显色的白色纬线也与经线交织，隐藏于织物背面。这时的白经和黑纬交织实施的影光组织是最基本的。此外，还有两种情况：一是将黑纬和白纬织入同一梭口，使黑白纱线合并成灰色的纱线，再以圆点缎纹影光组织法与经线交织，这种交织形式被称为半点缎纹影光组织，见图 2–4 中（1）~（3）；另一种情况是将圆点和半点结合使用，即一个完整组织循环中既有经线和一组黑纬交织，又有经线和黑白两纬共口交织，且两者的比例

① 由浙江丝绸工学院和苏州丝绸工学院编的高等纺织院校教材《织物组织与纹织学》（1998 年第 2 版，中国纺织出版社），其中提到的影光组织为 33 个色阶组织。另外，由李超杰编著的《都锦生织锦》（2009 年，东华大学出版社）中所列为 30 个色阶组织。

可以根据需要进行变化，见图 2-4 中（4）~（6）。后两者主要用于弥补第一种情况下织物过渡效果的不足，如过渡生硬而不够柔和等。但后两者一般不单独使用，且使用面积不宜过大。

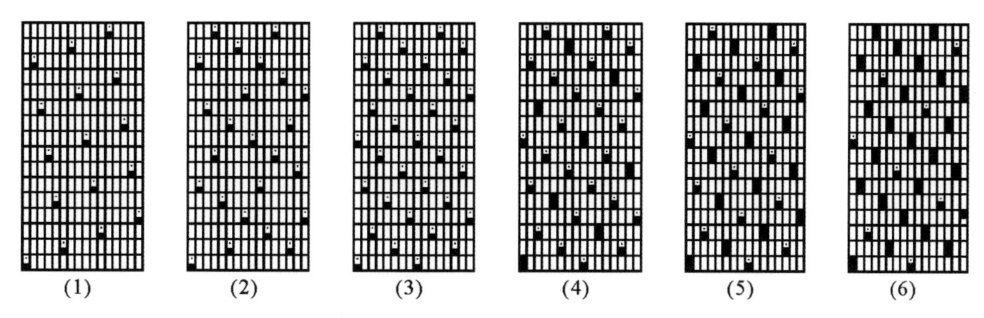

图 2-4 半点缎纹影光组织

2.2.1.2 着色像景

着色像景是在黑白人像或风景像景的基础上，用绘画颜料进行上色加工，得到彩色的效果，如图 2-5 所示。着色像景现在已经不生产了。就像过去的相机，只能拍摄黑白照片，想要得到彩色的，只能通过人工上色。着色像景与此相似。这一现象的出现，说明当时还没有能力直接采用经纬交织的方式来表现色彩变化微妙的彩色图像。随着设计和生产条件的改善，以及彩色像景设计技术的发展，这种依靠手工上色的设计方法也就不再使用了。

着色像景无论是在表现题材，还是在织物组织结构上，都与黑白像景相同，唯一不同的是多了一道上色的工序。这是织锦设计发展史上一个独特的现象，具有强烈的时代特色，值得我们关注。

图 2-5 着色像景《宫妃夜游图》（局部）

2.2.2 彩色织锦

彩色织锦是指采用多组色纬与经线交织，利用丝线色和不同织物组织的共同作用而形成的具有彩色纹饰的织物。近代杭州彩色织锦大致可分为两类。一类的表现对象是色彩数量较少的图案，如织锦缎、风景古香缎等多彩提花织物。该类织物一般属于由一组经线和三组纬线交织而成的纬三重提花织物。另一类的表现对象是色彩数量较丰富的图案、工笔重彩国画和写意国画，以及国外名家画作等，一般为由两组经线和三组以上纬线交织而成的多重纬提花织物。笔者将第一类称为彩色锦缎，第二类称为彩色织锦画。

2.2.2.1 彩色锦缎

（1）织锦缎。彩色锦缎的典型代表首推织锦缎，产生于20世纪30年代，直至今日仍是我国优秀的传统产品，在国际上享有盛誉。织锦缎是纬三重纹织物，三组纬线色加上一组经线色，共有四种颜色的丝线。按照当前主流的设计思路，这四种纱线色可以根据需要进行混合显色，如白色经线和红色纬线交织可以表现一系列从白到红的渐变色，同理，纬线之间也可以进行混合显色。但传统织锦缎的设计思路是只表现四种纹样色，即纹样背景用经线显色，纹样用三组纬线色进行表现，如图2-6所示。图中织锦缎以米白色经线显地色，纹样色有三种，分别为深褐色、湖蓝色和浅蓝色。只用单纯的丝线色，而不利用丝线的混合色对纹样进行表现，虽说是传统提花织物的一个典型特点，但织锦缎是把这一特点发挥得最为出色的丝织物品种。自20世纪30年代织锦缎这一丝织物品种被开发出来之后，已经有九十年左右的存在史，时至今日依然声名响亮。

相对于单经单纬或纬二重提花织物，属于纬三重的织锦缎，因多了一组或两组纬线色，在纹样色彩的表现上具有一定的优势，可以表现较复杂的图案，因此是传统提花织物中艺术附加值较高的纹织物。与一般的传统提花织物相比，织锦缎可以表现四色纹样，已经是用色较为丰富的丝织物。即便与当下以突出纹样色的渐变过渡与微妙

图2-6 织锦缎（笔者收藏）

变化的数码提花织物相比，织锦缎也有毫不逊色的独特之处。织锦缎在设计上的特色大致可以概括为两个方面：一是纹样本身的设计方面；二是织物组织方面的点间丝设计。

在纹样设计方面，首先是织锦缎纹样大多采用包边设计，并且是三种纬线色相互包边；其次是三种纹样色和地色以不同方式的配合设计，以图 2-6 所示的织锦缎为例，花纹有以褐色为底再在上面点缀蓝色和浅蓝色纹饰的深色花，也有以蓝色为底再绘以褐色和浅蓝色纹饰的花纹处理等，总之充分发挥三种颜色的配色变化；再次是三种颜色以不同的方式出现在不同纹样上面，并不局限于用于表现花的就不在叶子上使用，或反之。同时，三种纹样色在明度上兼顾了深、中、浅三个层次的梯度设计，使得有限的三种颜色配置时不至于出现明度过于接近而不分明的情况。此外，三种颜色中，通常有两种颜色具有同类色或邻近色的色彩关系，在明度分明的情况下，又有一种内在关联性。可以说，设计非常巧妙。

在织物组织设计方面，虽然只用了四种织物组织来表现一种地色和三种纹样色，但应用了多种点间丝的设计方法，使织物纹样具有丰富的纹理效果，展现了提花织物特有的工艺特色。点间丝是将过长的纬浮长用经组织点切断的一种方法，使提花织物符合品质要求。织锦缎采用了平切、活切和花切三种设计方法，其中：平切采用缎纹、斜纹等常规织物组织；活切是根据纹样的造型特点进行点间丝，如花瓣和叶子，可以根据它们的脉络样式点间丝；花切可以采用各种形式的图形，比如波浪线、菱格，以及各种组合线性效果等，丰富纹样色块的纹理质感，提升织物的设计附加值。

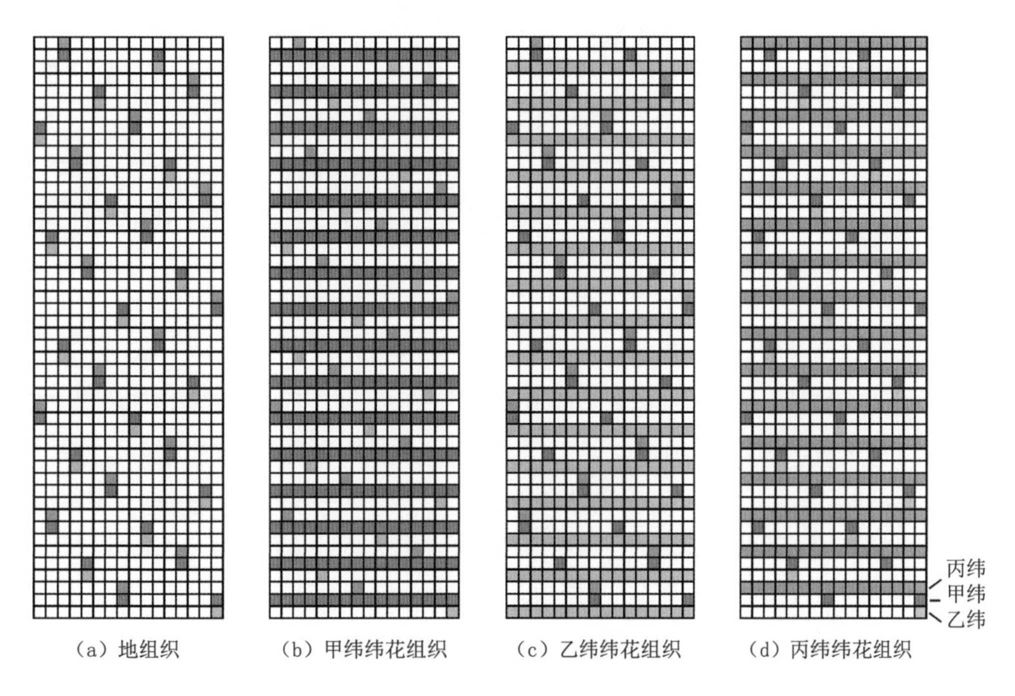

图 2-7 织锦缎的四种织物组织展开图（ □经组织点 ■■■ 纬组织点 ）

织锦缎的组织结构并不复杂，是在近代较为先进的织造条件下出现的创新产品，属于传统提花显色方法的延续产品。织物地部由经线和甲纬交织成 8 枚经缎，背衬经线与乙纬、丙纬交织成的经面缎，如图 2–7（a）所示。花部可由甲、乙、丙三组色纬分别单独起花显色。当甲纬显色时，背衬不显色的乙、丙两组纬线，这两组背衬纬线与经线分别交织成 8 枚经缎和 16 枚经缎；而当乙纬显色时，背衬甲、丙两组纬线，其他依此类推，如图 2–7（b）~（d）所示。虽然纬线根据花纹显色需要进行了变换，但显色纬所用的表组织和不显色纬所用的背衬组织都是相同的。织物经线为桑蚕丝，纬线采用不同色彩的有光人造丝，用三把梭子按顺序投纬织造。三色纬均常织，或甲、乙两纬常织，而丙纬分段换色，以增加色彩的丰富性。

（2）古香缎。织锦缎产生之后不久，便从中派生出一个新的织物品种——古香缎，见图 2–8。古香缎是由一组桑蚕丝经和三组黏胶丝色纬交织而成的。三组色纬中，通常甲、乙两组纬常织，而丙纬做彩抛，以丰富织物的配色效果。

图 2–8 风景古香缎（笔者收藏）

织锦缎与古香缎的差别主要有三个方面。一是地部组织。织锦缎为一梭地上纹，而古香缎为组合地上纹，因此织锦缎的地部为纬三重结构，而古香缎的地部为纬二重结构，见图 2–9。图 2–9（a）中，地组织是甲、乙两纬组合构成的 8 枚经缎，丙纬背衬在乙纬后面。二是花部组织。织锦缎的甲、乙、丙三纬显色的花组织均为纬三重结构，而古香缎只有甲、乙两纬显色的花组织为纬三重结构，丙纬显色的花组织因背衬甲、乙两纬组合的 8 枚经缎，属于纬二重结构，如图 2–9（b）~（d）所示。三是纬密不同。在经密相同的情况下，织锦缎三纬的总纬密一般为 102 根 / 厘米，而古香缎三纬的总纬密一般为 78 根 / 厘米。可见，仅从产品的品质而言，织锦缎胜于古香缎，但古香缎

具有原材料成本低的优势。正是由于古香缎的纬密较为稀疏，所以其地部组织从常规的一梭地上纹变为组合地上纹。通过组织的创新设计，使古香缎的地部显得较为细密紧致，并提升面料本身的硬挺度，体现了织物组织的设计价值。除了地部组织、丙纬显色时的背衬组织与纬密较小之外，古香缎在其他方面与织锦缎都基本相同。

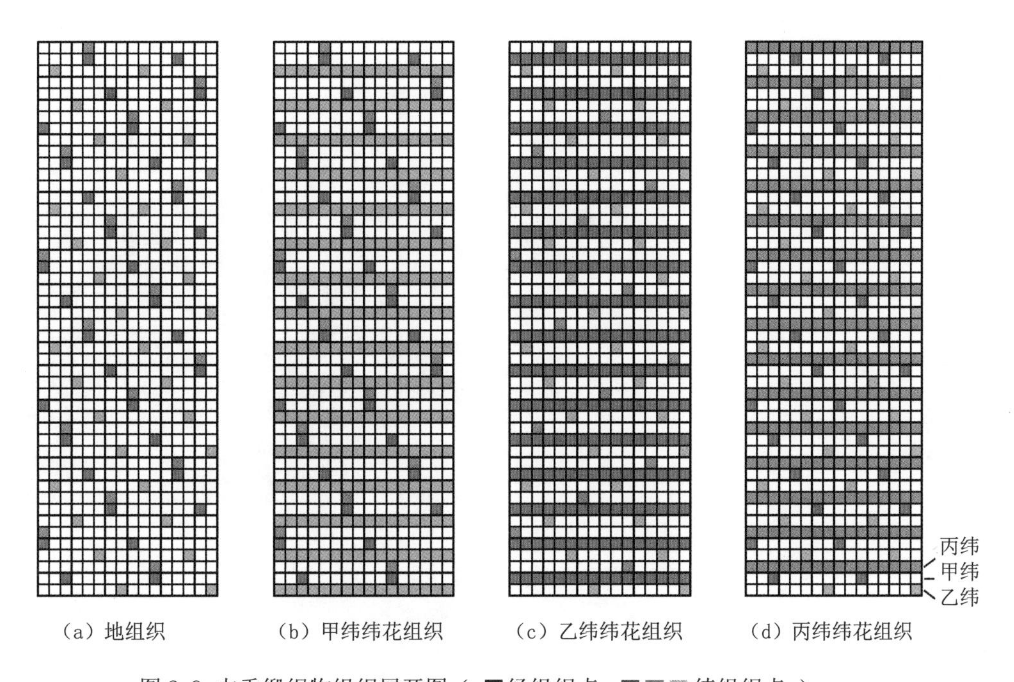

图 2-9 古香缎织物组织展开图（ □经组织点 ■■■ 纬组织点 ）

古香缎表现题材丰富，纹样富有时代气息。根据题材的不同，古香缎可分为花卉古香缎和风景古香缎两类。花卉古香缎主要以梅、兰、竹、菊等中国传统花卉为纹样内容，纹样典雅，富有民族性。风景古香缎则常以西湖风景、古色古香的亭台楼阁，以及与西湖相关的传说中的人物、故事情节等为表现主题，如白蛇传、梁山伯与祝英台等，尤其在人物的取材方面，极为灵活。除了古装的人物造型之外，也有穿旗袍或连衣裙的年轻女子、穿中山装的年轻男子，甚至戴红领巾、背着书包的少年和拄着拐杖来湖边散步的老人等，方寸之内尽显时代的生活气息。

古香缎纹样在布局上以满地为主，花纹造型大多工整、细致，而在纹样的表现上，除了包边、块面平涂表现之外，会在缎地上采用泥点表现技法，如图 2–8 中花树和湖上的睡莲四周的泥点效果，使画面平添一种朦胧的意境。

2.2.2.2 彩色织锦画

彩色织锦画以绘画作品为主要表现对象，如中国的工笔画和写意画，以及油画作品等。彩色织锦画一般由两组经线和多组色纬交织成重纬组织结构。两组经线中，一组为地经，另一组为面经；地经与地纬交织成地组织，面经与起花纬交织形成花组织，同时接结住其他不显色的纬线，使它们藏于织物背面。多组色纬中，一组纬线与地经交织成地组织，其他纬线为起花纬，与面经交织。上述所描述的织物结构与传统苏州宋锦中的重锦、细锦，以及云锦中的织锦品种都相同，实无特别之处。然而，近代杭州彩色织锦之所以被称为织锦“画”，不在于笼统的织物结构，而在于织物组织的系列化设计和色纬的混合应用，见图 2-10。

图 2-10 彩色织锦画（局部）①

图 2-11 彩色织锦画（局部）②

近代杭州彩色织锦画的色彩表现方法，大致可以概括为三种：一是通过多组纬浮长的混合起花显色；二是以纬浮长表现为主，再结合缎纹影光组织；三是主要通过影光组织调节纬线，进行色彩的表现。早期的织锦画全部采用第一种方法，由两组经线和 3~15 组色纬交织而成，见图 2-10，图中花卉及其叶子都是通过纬线浮长的混合形

① 拍摄自杭州都锦生博物馆，作品名为《耄耋图》，根据戴渔舟先生的绘画作品织制，为我国最早期的五彩锦绣织锦的代表作品之一。

② 拍摄自杭州都锦生博物馆。

成色彩晕色过渡的，而这种过渡是在意匠绘制环节实现的，而不是由织物组织达到的。后来发展出第二种方法，纹样的彩色部分采用不同浮长的色纬进行表现，同时采用影光组织进行调节，如图 2-11 所示，图中黑白的叶子采用具有影光效果的组织，可以看出这些叶子在明度上有些变化，在结构关系上，其中间层为地经和地纬交织的组织，最里层（织物背面）为其他不起花纬线与面经交织的组织。第三种色彩设计方法出现的时间最晚，色彩表现的效果相对而言也是最理想的，一般采用 2 组经线和 5 组彩色纬线进行交织，可见，相对于第一种方法，在纬线组数上有大幅度的减少。

早期彩色织锦画纬浮长的色彩表现，可细分为三种：其一，单一色纬的纬浮长显色，即一种色纬浮于织物表面，中间层为地经和地纬交织的组织，背面为不显色纬线与面经交织的组织；其二，双色纬的共口显色，其组织的表层、中间层、里层的交织关系与第一种情况相同，所不同的是显色纬有两组同时显色，与此相对应，背衬组织中将减少一纬，如白色纬和红色纬同时显色，此时，织物正面可获得粉红色；其三，将单一色纬和双色纬共口显色组合运用，形成一种新的色彩过渡形式，如先是单一蓝色纬显色，然后是蓝色和红色双色纬共口显色，接着过渡到单一红色纬显色，再到红色和白色双色纬共口显色，最后为单一白色纬显色，形成蓝—紫—红—粉红—白等五个层次的色彩过渡表现法，如图 2-12 所示。

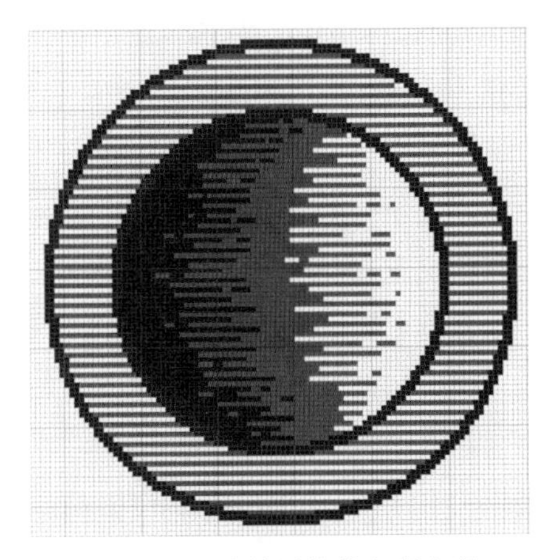

图 2-12 混合纬浮长的色彩表现

这一时期的织物设计人员为了丰富提花织物的色彩效果，发明了这种色纬间多种组合的混合色设计方法。近代杭州彩色织锦画就综合运用了上述多种色彩表现方法，使我国的织锦技艺对图像色的仿真表现再一次获得突破，达到了前所未有的丰富度和自由度。

2.3 近代织锦纹饰的审美特征和价值

2.3.1 近代织锦纹饰的审美特征

2.3.1.1 题材物象之美

摄影作品成为近代织锦的表现对象，与其说是织锦纹饰题材内容的拓展，不如说是一种获取织锦纹饰新方法的诞生。一直以来，织物上的纹饰，无论是直接手绘、刺绣，还是对制作工艺与技术依赖性较强的印染和织造，在实施之前，都需要对拟表现的题材内容进行一定程度的提炼加工，形成腹稿或制成图稿。这种加工有很大的灵活度，可根据生产的条件、加工品的用途等，进行有目的的变化。比如对色彩的归纳，用一种或两种色代表一朵花的全部色彩的微妙变化；跨越时空的限制，对物象进行自由组合，将不同季节的花卉、天上飞和地上跑的动物，以及日月星辰、风雨雷电等进行创造性的组合；对物象删繁就简，仅保留大致轮廓与姿态等。虽然，这一直被认为是织物纹饰加工工艺的特色所在，自有其吸引人的闪光之处，但从某种意义上来说，也是一种束缚。

摄影技术的出现，为近代织锦的纹饰来源开创了一个全新的设计空间。通过相机产生的不是某一类题材的图像，而是一个新的图像世界。它跨越了题材的界限，现实生活中的任何事物都可以成为织锦的表现对象，更重要的是一种所见即所得的即时感受。山川湖海、动植物、人物、霞光落日等，都以他们的原始真面目与我们重新相对，而不再依赖于人的绘制技能，这不能不说是一种新的审美体验。

风景图案是出现在近代织锦上的又一种独特的题材内容。“风”和“景”的本义都是自然现象，“风”指空气的流动，而“景”原指物体的影子，即“景”通“影”。“风景”作为一个词组最早出现于魏晋南北朝，在诗、词等纯文艺作品中多取“风光景物”之本义。近代织锦上的风景，主要由亭台楼阁、山石、流水、树木花草及人物等元素，组织成古色古香的景致。杭州织锦中的风景古香缎，就是开始以表现西湖的湖光山色，以及沉浸于这一景致中的民俗风情、民间故事而著名的，见图 2-8。后来，风景古香缎的表现对象拓展到全国各地有特色的风光景物，如图 2-13 所示，图中织锦纹饰有棕榈树、吊脚楼等具有热带地域特色的风景。

古香缎上的风景，不仅是“风景”本义的体现，更是“风景”引申义的注脚。随着文字含义的演变，“风”的自然本义中逐渐融入了“人”的因素，既有意指个人因素的风格、风貌、风韵，又有指群体因素的社会风尚、风气；而“景”则承担了相对于人的环境含义。依旧古韵盎然的环境，出场的人物、上演的故事却是多变的。岁岁年年花相似，年年岁岁人不同。杭州织锦上的风景图像，无意之中流露出一丝宇宙、人生哲学的意味。

2.3.1.2 材料与纹理质感之美

图 2-13 风景古香缎（笔者收藏）

艺术作品是表现艺术美的对象，而艺术作品又是一个包含多层结构的复杂体系。不同的美学家和哲学家，对于艺术作品的结构层次，也有不同的观点。黑格尔将艺术作品分为外在因素和意蕴两个层次；乔治·桑塔耶纳将艺术作品分为材料、形式和表现三个层次；茵伽登将文学艺术作品的结构分为字音与高一级的语音组合、意义单元、多重图式化方面及其方面连续体、再现客体四个层次等。叶朗在《美学原理》一书中将艺术作品的结构分为材料层、形式层和意蕴层。织锦纹饰虽非纯艺术作品，但作为工艺美术作品，同样由材料、形式及意蕴等结构层次构成。两者之间的区别，首先在于不同结构层次在审美感受中的重要性或地位不同。工艺产品除了艺术性的一面，还要兼顾实用性，有时后者较前者更为重要，因此它的材料和形式的选择受生产工艺、用途的影响会更显著。其次，通过织机生产的织锦，在很大程度上表现的是一种技术理性，虽然背后蕴含着人的一种想象性的精神层面的追求，但这种追求往往需要经过技术理性的检验，所以最理想的状态是使两者处于一种动态的平衡之中。

丝线是构成中国丝绸织锦纹饰的物质基础，纹饰和色彩通过彩色经纬丝线的交织而形成。织物组织结构决定了丝线如何交织，进而形成不同的织纹和色彩，最终以纹饰的形态呈现于织物表面。由立体的纱线条干上下交织形成的织锦纹饰，本身就有丰富的交织纹路，并伴随着明显的触感。在这一点上，织锦纹饰与印花加工形成的花色不同。印花纹饰与色彩来自染料，而不是纱线交织结构，所以织物纹理是始终不变的。织锦织物除组织结构之外，还有纱线的粗细、光泽、手感和肌理等因素，后者可以强化织锦纹饰的纹理与质感的对比度。

近代织锦纹理质感的变化，大致可概括为三方面：一是织物组织种类的丰富，使织物纹理更加多元化；二是织物纱线材料、品种的增加，使织物质感更加多元化；三是织物组织结构与纱线材料组合应用形式的多样化，使织物质感从平面向立体浮雕效果发展，出现了诸如高花织物、填芯织物等。

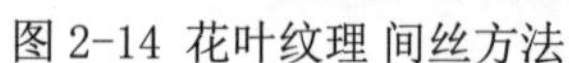
图 2-14 花叶纹理 间丝方法

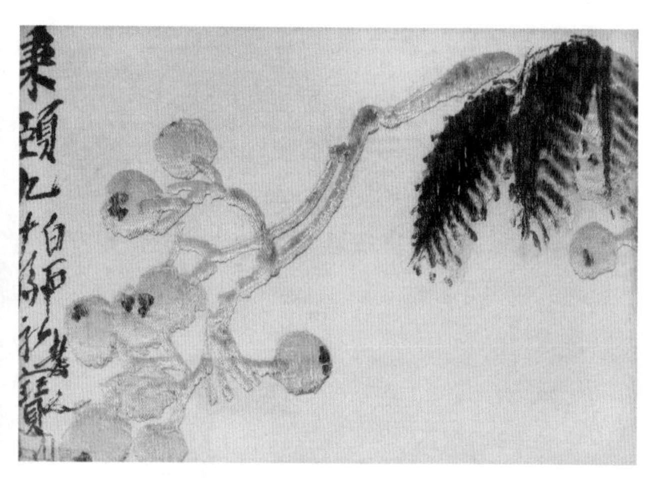
图 2-15 填芯高花织物 齐白石《枇杷》

上述一、二两方面是经纬交织提花织物本身固有的质感特性，古代织锦和近代织锦之别主要体现在多样性程度的不同上，古代单一，近代相对更丰富。首先是在织物组织方面的变化，主要体现在两个层面：一是影光组织的发明与运用，影光组织产生的织纹整体比较平整，规律明显，纹理本身并没有显著的视觉冲击力，而是侧重于色彩的过渡表现；二是常规组织的变化、组合设计，以及间丝点的运用等。利用织物组织的变化设计，可以实现明显且变化多样的织纹效果，如双层不接结的空心袋组织，可以产生相对于重纬组织或双层接结组织更为凸起的织物视觉效果和触觉感受，即通过花、地高低落差的对比，形成具有浮雕效果的立体感。间丝点的运用，既可以表现花纹的细节，也可以赋予提花色块具有特色的纹理，如波浪线、菱格或其他纹理。间丝点的设计有很强的表现力。如图 2-14 所示的花瓣，采用间丝点，一方面可以切断过长的纬线浮长，另一方面又能赋予花瓣流畅的线纹，使花头的表现更加饱满。

古代传统织锦一般以蚕丝为原材料，虽也有运用金线或孔雀羽毛等特殊材质的纱线的，但总体上还是以天然蚕丝为主。近代随着人造丝、人造棉及其他化学纤维纱线材料的不断涌现，提花织物的质感更加多样化。然而，近代织锦在纹理质感方面的新创，主要还是体现在上面提到的第三方面，如出现了将蓬松的纱线填入空心袋组织之中而形成的填芯高花织物，见图 2-15。这种设计方法，一方面使高花部分更加突出，即浮雕感更显著；另一方面使高花效果具有更佳的稳定性，不易塌陷，保持更长的时间。此外，还有利用纱线收缩性能的差异，结合不同浮长的组织，设计既有一定弹性，又可表现具象或非具象图形纹理的提花织物。

乔治·桑塔耶纳在《美感》一书中探讨材料问题时，有三点非常适用于对织锦材料美的分析：一是感性美的最大和最主要的因素不是材料带来的，但材料是最原始、最基本和最普通的因素；二是美感的主要因素是材料之间的结构及各种理想的关系；三是材料的物质美可以强化和升华我们的情感。织锦之美，首先依托于纱线材料而得以存在，但纱线材料是物质因素、基础因素，而非高层次因素。那么，生成织锦美感的高层次的内在因素，应该是经纬纱线之间的结构及其他理想的关系。织物的组织结构不同，不仅会产生色彩、纹饰造型的变化，同时会呈现各种形式的织纹效果，以及不同材料质感既对比又统一的关系。对于第三点，桑塔耶纳提到如果帕特农神庙不是用大理石筑成的，王冠不是用黄金制作的，那么这些事物将会显得苍白无力。中国古代织锦如果不使用光泽柔和的天然蚕丝织造，近代织锦如果不增加新材料，应该也会黯然失色许多。

2.3.1.3 模仿之趣

近代织锦有两个显著的特点，一是出现了大量以自然风光、名胜古迹、名人画像、绘画作品、摄影作品等为表现对象的仿真类织锦；二是在织物的纹制设计方面，运用了影光组织和色纬裥晕意匠绘制方法，提高了织锦图像的立体感和逼真度。虽然古代织锦中也有人像和佛像题材的织锦，但没有直接将自然风景作为织锦的表现内容。近代织锦上的自然风景，其纹饰主要有两类来源。第一，以相机拍摄的照片为底稿，譬如杭州西湖风光、安徽黄山等自然风景照片作为织锦的仿真对象。第二，以绘画作品为模仿对象，比如工笔、写意国画、水彩画等。两者中又以前者更具时代特色，产生了用于欣赏或纪念的像景织锦。在相机发明之前，只有画家或具有一定绘画能力的人，才可以将自己欣赏过的风景或见过的人物，以艺术作品的形式记录下来，再陈设于家中观赏，而一般人都只能暂时存储于记忆中，随着时间的流逝，有可能就慢慢淡忘了。到近代，相机的出现使普通人可以随时随地记录自己所见之任何事物。复制时代的到来，启发了近代织锦的创造者们，致力于呈现摄影镜头所捕抓到的图像世界。

为了降低织造上的技术难度，古代用于织造织锦的图像一般都进行了平面化的图案处理，对色彩的表现，以均匀的块面结合线条勾勒。但是，要表现有明暗和浓淡变化的摄影作品，必须改变传统的织物色彩设计思路。1921 年，民族实业家都锦生先生设计出影光组织，并研制成功第一幅黑白风景织锦《九溪十八涧》，见图 2-1。之后，相继设计生产了平湖秋月、三潭印月、双峰插云、雷峰夕照、南屏晚钟、柳浪闻莺、曲院风荷、断桥残雪、花港观鱼和苏堤春晓等“西湖十景”为表现对象的黑白风景织锦。以织物为载体，将杭州的湖光山色真实地呈现出来，这在历史上是前所未有的，既是由于表现对象是一个全新的题材，也是因为影光渐变组织的设计与应用具有时代的特色。

黑白像景由风景和人像两类题材构成。早在 1936 年，都锦生丝织厂就织造过西藏班禅像。到了 20 世纪 60 年代至 80 年代初，都锦生丝织厂生产了大量的黑白人像织锦。这些人像织锦在杭州都锦生织锦博物馆中都可以看到。黑白人像织锦通过白经与黑纬交织表现人像的五官和服装的光影变化，立体感强。由于采用白经与白纬交织作为背景色，无任何黑色组织点，显色十分纯净，可以充分地衬托出黑纬组织点的细微变化。

值得一提的是，这一阶段虽有了影光渐变组织，但意匠图需要手工绘制，所以图像色调的明暗过渡是在绘制意匠图时直接点绘上去的。由此可以看出，以怎样的组织结构去表现，多数情况是依赖意匠绘制者的主观判断，他们的操作更像是在点绘一幅作品，而不是如同当下通过计算机辅助设计软件，将一个个独立的影光组织，一一替换图像的色阶，直接形成织物组织图。这也表明，早期近代织锦的影光组织，是指意匠绘制方法，还不具备完全独立的应用价值，其概念与现代的影光组织概念是不同的。

20 世纪 20 年代以来，除了表现黑白摄影照片的黑白像景之外，还出现了着色的黑白像景织物。这是一种从黑白像景到彩色像景的过渡性织锦品种。着色织锦是在黑白像景的基础上进行着色产生的。1926 年，由杭州都锦生织锦厂织造，以唐伯虎绘画作品《宫妃夜游图》（图 2-5）为表现题材的着色像景织物，获得当年美国费城国际博览会的金奖。由于着色织锦的图像颜色不是由经纬线的交织产生的，而是用颜料彩绘的，所以组织结构与黑白像景相同。

20 世纪 80 年代之前，摄影照片大都是黑白的，要想得到彩色效果，也是采用手工上色的方式，着色像景的出现有可能是受上色照片的启发。通过彩色纱线的交织来实现对图像色彩的仿真表现，而不是在黑白像景基础上用颜料着色，要等到后来被称为“彩色织锦画”的彩色织锦才能达到，如图 2-16 所示。近代彩色织锦由两组经线和三至十五组彩色纬线交织而成，其表现对象一般是绘画作品，比如工笔重彩国画、写意国画，后期也有以外国油画作品为表现对象的，因此也被称为彩色绘画织锦，表明其模仿的对象是绘画作品。

(a) 全幅

(b) 局部

图 2-16 《五伦图》

早期的彩色织锦，主要采用不同彩纬的浮长排列组合，从密集到稀疏，从长浮长到短浮长的过渡变化，实现色彩的浓淡或从一种色相到另一种色相的转变。《五伦图》表现了岩石的明暗和纹理特点，采用了黑色、深灰色、灰黄色及米色等多组彩色纬浮长的组合过渡排列，画面中的仙鹤羽毛则用了灰色和白色纬线组合过渡，而其中一只凤凰尾羽用了黑色和黄色纬浮长的组合表现，由此可见彩色绘画织锦的色彩表现特征。这是一种利用不同色纬的并列组合，并结合浮于织物表面色纬的排列比例、浮长的长短变化，达到将绘画作品惟妙惟肖地表现的设计手法。同时期的彩色绘画织锦产品有《猫蝶图》《大富贵》《五伦图》《八仙寿字》等。

图 2-17 彩色绘画织锦《春苑凝晖》（局部）

一个非常重要的迹象是早期彩色绘画织锦并没有运用影光组织表现。直到 20 世纪 80 年代后期，色纬的水平组合表现与经、纬垂直交织的影光过渡意匠绘制方法，才被同时应用于彩色绘画织锦中。彩色绘画织锦的典型代表是 1986 年由都锦生丝织厂生产的《春苑凝晖》（图 2-17），其意匠的绘制就采用了纬浮组合排列和影光组织起花两种方法。从图 2-17 可见，花、叶部分用色纬浮长组合表现，而岩石部分则运用了影光组织表现水墨的浓淡变化。更进一步的彩色绘画织锦是一幅《西湖保俶塔》，该织锦采用两组经线和五组彩色纬线交织，不同纬线色由浅到深，以渐变过渡表现不同的色彩变化，产生了犹如水彩画的薄透韵味。

可见，彩色绘画织锦的色彩仿真至少经过了三个发展阶段：第一阶段全部采用不同色纬浮长组合表现绘画作品色彩，因此纬线数有时多达十五组；第二阶段发展为纬线组合起花为主和影光组织表现为辅的意匠绘制方法，因此纬线数仍需十余组；第三阶段是每种不同色纬都与影光组织进行融合性的组合表现，色纬数降低至五组，即可满足对绘画作品色彩的仿真表现。第二阶段与第三阶段的区别在于，前一阶段是两种方法各自发挥作用，而后一阶段是两种方法结合在一起。这是一种质的进步，所以后者在织物组织结构上，与现代数码像景织物的组织结构十分接近。

近代像景织锦依托引进的贾卡织机和冲孔纹版技术，并结合自创的影光组织意匠绘制方法，实现了对摄影照片中物体、人像明暗层次的逼真表现，使织锦这一古老的织物品种再次走在了时代的前沿。对织锦艺术价值的追求，是促进设计、织造技术革新的内在动力。在中国工艺美术史上，有缂丝、刺绣工艺，以模仿名家书法和绘画作品为时代特色，比如北宋时期的缂丝名家朱克柔、沈子蕃、吴煦等，创造了表现书画笔墨韵味和晕色变化的缂丝方法，如长短戗、子母戗等，摹缂的书画甚至比原作更精美。宋代刺绣也模仿名人书画，涌现了思白、墨林、启美等著名绣工。明代董其昌称赞宋代刺绣“设色精妙，光彩射目，……佳者较画更胜，望之三趣悉备，十指春风，盖至此乎”。从工艺模仿能力的层面而言，在古代，织锦是无法与人工缂丝、刺绣工艺相媲美的，毕竟织锦在较大程度上依靠织机的机械之力，虽然也需手工织造，但生产效率相对较高，也因此在模仿效果上要逊色许多，各有利弊。近代织锦通过对黑白摄影照片的模仿，使其在仿真能力上有了显著的提升，尽管与刺绣、缂丝工艺相比较，仍存在不及之处，但与追求效率的复制时代的精神相契合，这是其他手工艺无法企及的。

近代像景织物的发展过程，与相机带来的复制时代，保持了相同的步调。从黑白照片到黑白上色照片，反映在织锦产品的开发上，也有一段从黑白织锦到着色织锦的历史阶段与之对应。近代黑白像景织物和彩色绘画织锦，超越了服用、家用织锦，作为陈设品，装点了人们的居所，满足了人们精神文化上的需求。

2.3.2 近代织锦的功能和价值

2.3.2.1 作为历史文物资料的功能

由于近代黑白像景织锦流行采用摄影照片为仿制对象，因此这一时期的织锦产品具有纪实性的资料价值。这与以绘画作品或装饰图案为呈现对象的织锦有所不同，历史赋予了近代织锦独特的价值，也为收藏近代像景织锦增加了意义。近代织锦品种与纹饰题材如表 2-1 所示。其中，以摄影照片为底稿的黑白像景，以及在黑白像景基础上着彩的着色像景，比重最大。另外，由于近代织锦的主要生产地在杭州，所以形成了以杭州的自然、人文景观为中心，向全国甚至国外景观辐射的特点。国内部分有黄山、庐山等名山，苏州园林、北京万里长城和人民大会堂等建筑物；国外部分有美国黄石公园、加拿大尼亚拉加瀑布、法国巴黎风光、英国伦敦景色、日本富士山樱花，还有苏联莫斯科河、列宁图书馆等。[①]最能体现近代织锦历史文物资料价值的，是关于杭州一塔一桥的织锦产品，一塔是指雷锋塔，而一桥是指西湖博览会桥。

---

① 袁宣萍：《西湖织锦》，杭州出版社 2005 年版，第 154 页。

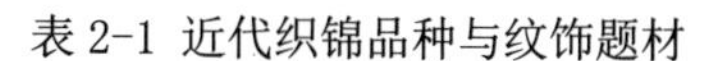
表 2-1 近代织锦品种与纹饰题材

序号	织锦品种	研制时间	经纬组数	代表作品	
				摄影照片	绘画作品
1	黑白像景	1921年	一组白经；两组纬，黑白各一组	人像类：马克思、恩格斯、列宁等 风景类：西湖全景图、里西湖全景、外西湖全景、九溪十八涧、西湖十景（平湖秋月、三潭映月、雷锋夕照、双峰插云、苏堤春晓、柳浪闻莺、断桥残雪、南屏晚钟、曲院风荷、花港观鱼）、杭州六和塔、西湖灵隐寺、云栖竹阴、冷泉瑞雪、保俶远眺、西冷桥畔、银河夜渡、水天一色、月波秋色、西湖春晓、飞霞洞、孤山探梅、小瀛洲、西湖白堤、空谷传声、灵隐飞来峰、钱江平眺、钱江塔影、浙江潮、黄山云笼石、黄山天都峰、黄山莲花峰、万里长城、庐山会议厅、苏州西园、延安枣园、颐和园知春亭全景等	《虾》（齐白石）、《群马》（徐悲鸿）等
2	着色像景	1925年	同上	同以上黑白风景类	《荷花》《松鹰图》（潘天寿）；《宫妃夜游图》《高山奇树》《雪山行旅》《茂屋风清》《春游女儿山》（唐寅）；《昭君出塞》《贵妃醉酒》《貂蝉拜月》《西施浣纱》等
3	彩色锦绣	1926年	两组经，3~15组纬	同以上黑白风景类	《蜻蜓螳螂》《猫蝶图》《五伦图》《大富贵》《八仙寿字》《双喜吉祥》《国色天香》，以及《春苑凝晖》（唐和作品）、《西湖保俶塔》（潘思同作品）等
4	实用织锦	20世纪50~60年代	一组经，3~9组纬	—	百子图、球庭婴戏图、丝绸之源、龙女牧羊等
5	高花织锦	20世纪60年代	两组经，3~4组纬	—	《枇杷》（齐白石作品）

雷锋夕照是西湖十景之一，因此它成为近代杭州织锦的重要表现对象。雷锋塔初建于 977 年，因其坐落在雷锋山上而得此名。北宋宣和二年（1120 年），雷锋塔遭战乱破坏，受损严重，南宋庆元年间（1195—1200 年）重新修建。明嘉靖年间（1522—1566 年），倭寇入侵杭州城，雷锋塔再次被烧毁。灾后雷锋塔仅剩砖砌塔身，通体赤红，

苍凉凝重。此后，雷锋塔以独特的残缺美成为杭州城中一道引人注目的人文景观。1924年，旧雷锋塔倒塌，而以“雷锋夕照”为仿制对象的织锦，却将倒塌之前的雷锋塔永远定格在经纬交织的锦面之上，见图2-18[①]。

图2-18 着色像景 雷锋夕照

1929年，杭州举办首届西湖博览会，这是近代中国民族工商业产品的一次盛会。为了方便观众，在西湖上建了一座木桥（称其为“博览会桥”），一边为孤山放鹤亭，另一边为招贤寺。木桥全长194米，桥上建有一大两小桥亭，供行人休息。博览会结束之后，这座桥并未立刻拆除。时隔十三年，这座桥因腐朽而不能再使用，于1942年10月被拆除。这次盛会之后，杭州各丝织厂又织造了一批与博览会相关的织锦产品，而博览会期间临时搭建的桥就是其中一个重要题材。这座桥已从西湖上消失，但博览会桥却被织锦留存下来，成为首届西湖博览会的历史见证。

2.3.2.2 传承古代织锦技艺的价值

近代织锦与古代织锦之间的区别是多方面的，主要是因生产设备（织机）的进步所引起的系列变化。由于贾卡织机的引进，冲孔纹版技术取代了传统“挑花结本”工艺，不再需要人工拉花配合织造，同时织机可以实现手拉开口，到后来用电力完成机械投梭、打纬等操作，大幅度提高了生产质量和效率。虽然，随着先进织机的运用，织造过程实现了部分的机械自动化，但近代织锦正是将古代传统织锦设计方法融入到当时最为先进的织造器械和技术之中，才使得传统织锦抓住了时代发展机遇，在新的时期得到了发展契机，这本身也体现了传统织锦强大的生命力。

---

① 民国着色黑白像景，长134厘米，宽39厘米，都锦生丝织厂生产，杭州西湖博物馆藏，文中图片为局部，转引自赵丰主编：《丝路之绸：起源、传播与交流》，浙江大学出版社2017年版，第173页。

织锦技艺除了原材料的准备、整经、制纬，以及织机与装造的准备工序之外，主要由织物规格设计和纹制工艺设计两部分构成。织物规格设计主要由织物幅宽、经纬密度、经纬纱线组合，以及筘穿入数和边的设计等构成；纹制工艺设计则主要由纹样绘制、意匠处理、织物组织、投纬信息、纹版轧法和样卡设计等组成。其中纹制工艺设计是织锦设计的核心技术环节。纹制工艺设计中，纹样绘制、意匠处理和织物组织工序更是重中之重。近代织锦对传统织锦技艺的传承和创新主要在于这三方面。三者既都传承了传统织锦技术又都有创新，传承和创新又是如此紧密地结合在一起。

（1）纹样。从纹样方面而言，新的变化首先体现在大量采用风景、人像摄影照片和绘画作品为织锦的表现对象上，这是近代织锦最具时代性特征的一个重要方面。传统织锦一般都以装饰性图案为呈现内容，即纹饰都是经过平面化提炼加工的动植物图案、想象性纹样和几何纹样等。其次是出现了风景图案，产生了风景织锦缎和风景古香缎等织锦品种。风景图案是近代杭州织锦的创造，但图案化的艺术加工手法则是与古代织锦纹饰一脉相承的。出现于近代织锦上的风景图案，除了树木花草之外，还有古色古香的亭台楼阁、山水、桥，以及民间神话传说中的人物形象，也有时人形象。另外，杭州西湖景色也是风景图案重要的表现内容。再者是用于织造织锦的绘画作品，虽然在表现形式上属于工笔国画或写意国画，但其立意仍是传统吉祥寓意题材的延续，比如《大富贵》《猫蝶图》《五伦图》等。吉祥寓意图案是明清以来织锦上的常用题材。近代，杭州织造了较多具有美好寓意的绘画织锦。在历史上，常见采用刺绣、缂丝工艺对书画作品进行摹刻，其中的佳者更是被誉为胜于原作，而这一领域并非织锦工艺所擅长。织锦工艺发展到近代，也有能力模仿绘画形式的艺术作品，以至于彩色绘画织锦被命名为“五彩锦绣”，从中可见织造者意欲与刺绣一决高下的自信。

（2）意匠。意匠绘制工序的出现。古代织锦的“挑花结本”工序，在近代被分成意匠绘制和纹版轧制两道独立的工序。意匠绘制在古代织锦技艺中是不存在的，传统织锦的花本制作包含花本构思和花本挑结，由挑花师傅一人完成，而构想通常只在头脑中进行，这也正是手工艺的典型特点。意匠绘制相当于花本的构思，只不过构思的成果被仔细地描绘于纸质载体上。绘于意匠纸上的设计构思，一方面，由于便于反复推敲和修改，为获得高品质的设计创意提供了实在的施展空间；另一方面，由于不需要考虑挑花结本是否容易实施，而只需要对织锦花色效果负责，这也为意匠绘制排除了过多的顾虑。

意匠是将纹样转化为织物的一个过渡环节，是为铺设织物组织所作的准备，即将纹样绘制成可以被织物组织进行替换的意匠图。意匠图纸中的每一种意匠色，包括没有画任何组织点的空白地色，都表示一种织物组织结构。织物组织就是经、纬线如何进行交织的一种规划，最终决定织物表面的纹饰色彩效果。近代织锦一般都不是只有一组经线和一组纬线交织的单层织物，所以一种意匠色往往需要两张或两张以上纹版进行信息的完整传递，还要配以轧法说明。轧纹版师傅根据意匠图纸和轧法说明进行纹版制作。

这种分工将传统“挑花结本”工艺中的脑力劳动独立出来，为织物纹饰设计能做得更加完美创造了条件。比如影光渐变的意匠绘制方法，就是将物象的明暗变化用组织点点绘出来，这种变化因对象的不同而千变万化，这是采用传统的挑花结本技艺不能想象的。同时，纹版轧制工序可以高效地完成代表经纬线上下沉浮变换信息的纹版制作。因为经纬交织信息的变化，无论如何变化多端，在轧纹版师傅看来，就是打孔或不打孔两种操作。打孔就表示经线提升，经线提升反映在织物表面就是经线显色，反之，不打孔就意味着经线不能够提升，那么显现在织物表面的就是纬线色。意匠绘制使织锦设计者能专注于纹饰色彩的表现效果，而纹版的轧制也不受前者表现难度增加的影响，各尽所能，体现了劳动分工带来的有利的一面。

（3）织物组织结构。在织物组织结构方面，近代织锦最显著的创新是开创了影光组织，其次是多组色纬依靠浮长穿插组合表达色彩的渐变过渡。这一时期的影光组织和色纬浮长的混合过渡虽然还不具备完全独立的织物组织性质，只是一种意匠绘制方法，但通过手绘组织点和浮长，可以灵活表现色彩的浓淡变化过程。近代黑白像景织锦是一种纬二重组织结构，白经和黑纬交织的影光组织，仅负责色调的表现，即从黑色到灰色再到白色的过渡表现，或反之。为了获得理想的色彩渐变效果，显露于织物表面的影光组织并不能兼顾织物织缩的平衡问题，而是依靠另一组白纬来弥补这一问题。这是近代黑白像景织物在组织结构方面的一个重要特点。

织物的交织平衡是指在一个花纹循环单位内，所有纱线的织缩大致应该是相当的，尤其是经线方向。如果织缩不平衡，就会造成宽急经，甚至出现频繁断经，最终导致无法顺利生产。即便勉强生产，织物质量也是无法保证的。因此，交织平衡是织物设计的一个基础要求。织物的交织平衡具体是由织物组织决定的。比如一个平纹组织，无论纬向还是经向，一个经组织点周围都是纬组织点，反之亦然，这说明交织点上下沉浮变换最为频繁，其织缩反应也最强烈。一个八枚缎纹组织的八根经线中只有一根与纬线交织，其交织状态的变化频率仅为平纹组织的四分之一。织物组织不同，其产生的织缩也往往不相等。近代黑白像景织锦的黑纬和经线交织形成的组织结构，既有织缩很小的长浮长结构，又有织缩强烈的平纹组织，所以必须借助另一组白色纬线与经线进行交织，达到织物整体织缩平衡的设计要求。可见，一黑一白两组纬线各有分工，白纬除了和白经交织产生纯白的背景色之外，另一个重要的作用是化解黑纬和白经交织造成的交织不平衡问题。

色纬浮长色彩表现方法大致可分为三种：一是一组色纬的纬浮长形成单一块面色，在意匠描绘上就是一色平涂，见图 2-19（a）；二是两组色纬相间形成两种色纬的混合块面色，两种意匠色间隔各涂一个横行，远看就是两种色纬的混合色效果，见图 2-19（b）；三是将第一、二种表现方法组合应用，如先一色平涂，再过渡到两色

间隔各涂一行，最后再接着平涂第二色，见图 2-19（c）。两组色纬经过这样的过渡组合，可以形成三色渐变色；三组色纬组合就可以产生五色渐变色，以此类推。第一、二种表现方法都比较简单，最富特色的是第三种表现方法。第三种表现方法不仅能将各种色纬组合起来应用，使图像色彩的表现更加丰富，而且能产生连续的渐变效果。另外，通过纬浮长的长短变化，可以适当表现对象的形状、纹理和光影的变化。

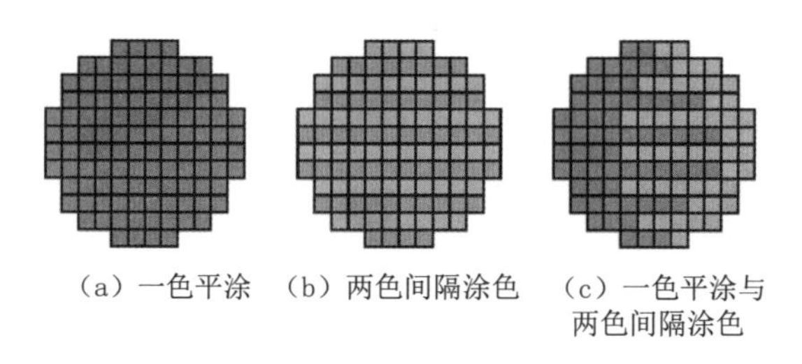

图 2-19 三种色纬浮长表现方法

上述三种表现方法中，第一种的应用以织锦缎最具代表性。织锦缎的纹饰一般由四色进行表现，除了地色由经线呈现，纹样色由三组色纬表达，如图 2-20 和图 2-21 所示。织锦缎虽然纹饰色彩套数并不多，但纹样风格变化多样，是二十世纪七八十年代出口赚取外汇的主要织锦品种，时至现代仍有市场。

图 2-20 织锦缎配色一（笔者收藏）

图 2-21 织锦缎配色二（笔者收藏）

第二种表现方法，并不单独应用，通常与第一种表现方法组合应用于台毯、靠垫等家用织锦，或者与第三种表现方法结合应用于绘画织锦。绘画织锦是近代彩色织锦中最为复杂的类型，一般由两组经线和三组以上的色纬交织而成，为了表现更丰富的色彩效果，以及色相或明度的渐变层次关系，通常将上述三种表现方法一起应用。在组织结构方面，将其中一组经线与一组色纬进行交织，构成织物的主体与地色；而另一组经线则专用于与其他色纬交织，即将起花或不起花的色纬与织物主体进行附结，因此这组经线也被称为接结经。由于接结经不用于起花显色，因此其数量明显少于地经。地经和接结经的分配排列比，一般采用 4 : 1、6 : 1、8 : 1 或 12 : 1 等。织物总密度高的选用大排列比，密度小的则选择较小排列比。这种地经和接结经的分工设计，在蜀锦、苏州宋锦和云锦这三大古代织锦中，都有广泛应用。近代彩色绘画织锦沿用了这种具有明确分工的组织结构，并融合了近代色纬组合渐变的意匠绘制工艺，不仅创造了近代色彩织锦的辉煌，而且产生了承上启下的历史价值。现代数码提花织物正是在近代杭州织锦的基础上发展起来的。

3 从仿真到求异之现代数码织锦

自 20 世纪 90 年代始，随着近代半自动铁木织机被现代高速全自动电子提花机所取代，以及计算机技术在织物设计与生产领域的广泛应用，织锦在外观、用途和使用方式等方面都发生了不同程度的变化。尤其是进入 21 世纪以来，数码提花工艺在纤维艺术领域的应用，开拓了新的发展空间和价值取向。

3.1 数码织锦画

现代数码织锦产品从纹样设计、织物规格和纹制工艺设计，到生成可被电子提花织机识别的纹版文件，整个设计、生产过程所进行的信息输入、处理、传输和存储，使用的都是计算机的二进制数字语言。现代织锦画就是在这样的设计、生产条件下被织造出来的，因此有了"数码织锦画"的名称，以示与手工设计和人工织造的近代黑白像景、绘画织锦的区别。

古代织锦以表现多彩的装饰图案为主，自 20 世纪 20 年代第一幅以黑白摄影照片为仿制对象的黑白像景的成功织造以来，在评价织锦的艺术价值方面，有了微妙的变化。现代数码织锦画与近代黑白像景、绘画织锦一样，也是对绘画、书画、摄影照片等的仿真表现，往往容易造成一种错觉，织锦的艺术价值似乎等同于模仿对象的艺术价值。模仿对象的艺术价值高，则织锦产品的艺术价值就是高的。黑白像景与绘画织锦自近代产生以来，除了一般的摄影照片之外，大多选择古今中外名家绘画、书法为仿制对象，以拔高织锦的艺术价值。然而，这是丝织技术为艺术服务，体现的是丝织物仿制的工艺和设计技术，而不是织锦的艺术价值。织锦的艺术价值应是其特有的质感、织纹和色彩艺术效果与纹样内容的完美统一，而不是仿制的画稿的艺术价值。

现代数码织锦画按色彩类型分，可分为黑白和彩色大两类。

3.1.1 黑白数码织锦画

现代黑白数码织锦画与近代黑白像景，在设计目标上是一致的，都是为达到对题材内容的仿真表现。两者之间的区别主要因设计、生产设备的更新换代而引起。数码织锦画的生产设备主要为电子提花开口设备和无梭织机，已不是配备纸质冲孔纹板的铁木结构的有梭织机。新型织机的优点是生产效率高、性能稳定，尤其是可以完成大幅画作的织造。在织物门幅方面，近代织锦通常较窄，一般为 50~ 80 厘米，而现在可以生产门幅在 160~ 220 厘米的织锦产品。在纱线原材料方面，现代黑白数码织锦画的经纬组合，除了采用桑蚕丝外，棉纱、黏胶丝、涤纶丝等也都成为了主要纱线原材料。总之，现代黑白数码织锦画的设计在画幅、织物门幅、纱线原材料等方面，都有了更多的选择。

黑白数码织锦画的纹样设计、织物规格、意匠处理、织物组织设计、投纬信息、样卡规划，到最后生成电子纹版文件，整个工艺过程都在计算机辅助设计系统中完成，不再是手工绘制和人工轧制纹版。这一改革除了提高设计效率、节约时间之外，也使织物组织的设计在众多设计因素中脱颖而出，成为黑白数码织锦画的核心设计因素。这也是现代数码织锦与近代织锦在设计思维上的关键区别。

近代织锦产品的意匠绘制是手工点绘，尤其是黑白像景，除了白色地部无需绘制组织点外，其他都需要手工点绘组织点，因此织物组织的独立设计与应用价值还没有真正发挥出来。进入数码设计时代，黑白数码织锦的纹样不是纸质设计稿，而是计算机图像。现代黑白数码织锦的纹制工艺设计，可以利用计算机图像处理软件对图像进行分色加工，再配合织物辅助设计软件的织物组织设计功能，以及将图像色替换为织物组织的纹制设计功能，这为织物组织的独立设计和应用创造了条件。计算机技术在纺织领域的广泛应用，促使织物组织的设计与应用成为黑白数码织锦画的纹制工艺流程中最关键的环节，从而使关于织物组织的设计研究成为专业人士关注的焦点。针对织物组织的系列化设计研究如雨后春笋般大量出现，其中具有代表性的主要有单向等阶过渡影光组织，如图 3-1 所示。

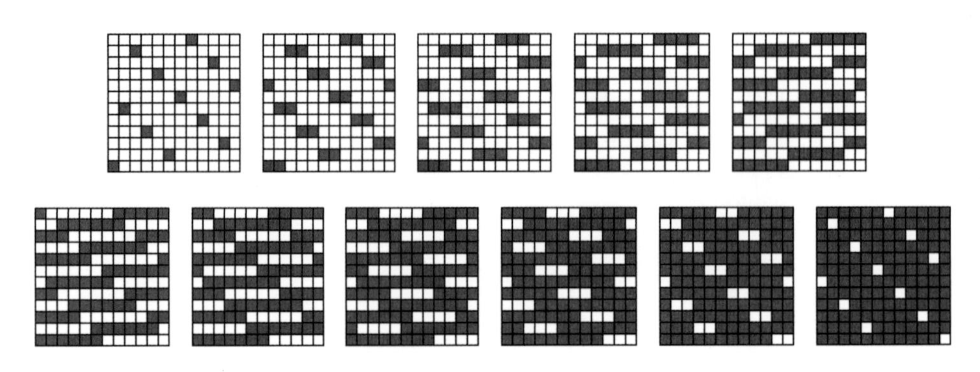

图 3-1 单向等阶过渡影光组织

所谓影光组织，它不是一个织物组织，而是一系列织物组织，或者说是一个织物组织库。这一系列织物组织表现了从纬面组织向经面组织逐渐过渡的变化过程。影光组织的设计主要有三方面内容：一是基本组织的选择；二是组织点的增加方向；三是组织点的增加速率。

基本组织的选择，即影光组织的第一个织物组织，这个组织通常为纬面缎纹。也有人采用斜纹作为基本组织进行影光组织设计，但斜纹有明显的斜向纹理，不如缎纹的纹理平整、有光泽，所以在设计实践中较少使用。

组织点的增加方向，在理论上组织点增加方向有经向、纬向和对角方向（斜向）三种，但斜向增加会产生交织不平衡的问题，一般不会考虑使用，实际可用的是经向和纬向两种设计方向。近代都锦生的黑白像景所采用的一组影光组织，类似于采用斜向增加组织点，所以需要另一组白色纬线配合弥补交织平衡上的问题。

组织点的增加速率，即每次增加多少个点。组织点增加速率决定了影光组织的数量，通常选择基本组织的组织循环纱线数的 1/2、1/4、1/8 等。每次增加的组织点数量越少，则影光组织数量越多，这表示从纬面组织过渡到经面组织的过程越长。如果一次只增加一个组织点，那么就产生一组数量最多的影光组织，即最大值影光组织库。当每次增加的组织点数等于基本组织的组织循环纱线数时，就产生最小值影光组织库。图 3-1 所示就是一组以 12 枚缎纹为基本组织的最小值影光组织库，其特点是相邻的两个织物组织之间都相差 12 个经组织点。

影光组织在表现织物色彩上的特点是，可以呈现一种纬线色过渡到与之交织的一种经线色，或反之。如纬线是黑色，经线是白色，那么两者交织就可以表现从黑色（白色）慢慢转变为白色（黑色）的过程。笔者以徐悲鸿的《骏马图》为仿真对象设计的黑白数码织锦画如图 3-2 所示，根据《骏马图》的黑白变化层次，采用一组影光组织对《骏马图》的颜色色阶进行一一对应替换设计，让白色经线与黑色纬线交织，表现水墨画中墨色的浓淡变化效果，可见这是一种具有非常强大的表现力的织物组织类型。中国古代没有这种组织和这样的设计方法，这是 21 世纪的设计发明。

图 3-2 黑白数码织锦画（笔者设计）

以缎纹为基本组织设计的一组影光组织，有两个明显的特点：一是单向性；二是等阶变化。单向性是指一组影光组织仅表现从纬面组织过渡为经面组织，或从经面组织过渡为纬面组织的设计，它只在经、纬之间过渡，因此它的过渡变化是单向的。等阶变化是指每次增（减）的组织点数是相同的。

单向等阶过渡的影光组织，在组织点增加方向上，除了斜向因交织平衡问题不被采用之外，有纬向和经向两种。那么，两种组织点增加方向在表现织物色彩的效果上有何差异？一般而言，纬向增加组织点的影光组织，会使纬线色得到突出表现；而经向增加组织点的影光组织，则会使经线色在织物色的表现中得到强调。举个例子，如果织造条件是白经、黑纬，当仿制的目标图像整体色调较为明亮，这时选择经向过渡的影光组织较为合适，因经线为白色；假如目标图像的色调整体较暗，颜色比较深，则适宜采用纬向加强设计，因纬线为黑色，黑色纬线得到强调，则织物图像色调就会变深。这其中的原理是组织点过渡方向决定了该方向的纱线浮长可以连续加长，而受与其垂直交织的纱线色影响较小，并且随着经线或纬线浮长的增加，同向的相邻纱线可以更加聚拢，露地的可能性变得更小，显色也会更加纯净。

除了单向等阶过渡的影光组织设计方法之外，还有经、纬双向非等阶过渡的影光组织设计方法，其组织点在递增数量上是非等阶的，且组织点在经、纬两向同时增加，但在数量上是经向增加少而纬向增加多。这种织物组织设计方法，仅在一项中国发明专利[①]中被提出，实际应用并不多见。

总之，黑白数码织锦画与近代都锦生的黑白织锦画（黑白像景）在织物组织与交织结构方面的区别，主要可概括为三点：一是近代都锦生的黑白织锦画的织物结构是纬二重，而现代黑白数码织锦画一般是单层结构；二是前者组织点过渡规律和数量基本固定（由于是手工点绘的，有时需要工匠依靠经验决定，具有一定的主观性），而数码织锦采用的影光组织可以根据组织点增加速率，其数量可多可少，设计灵活，且在组织点增加方向上可以采用纬向或经向过渡；三是前者表层组织的过渡变化仅能满足黑白色调的深浅过渡，不能兼顾织物交织平衡，而后者既可满足色调明暗的多层次变化，且能保持交织平衡。相对于近代黑白织锦画，现代黑白数码织锦画具有织纹和黑白色调过渡细腻、层次丰富且织物轻薄等优点。

3.1.2 彩色数码织锦画

彩色数码织锦画与近代彩色织锦画相比较，除了设计、生产的物质条件不同之外，最重要的区别是经纬纱线色的配置，以及基于纱线色的织物组织结构设计。自织锦产

[①] 颜钢锋、樊臻、韩容等：《像景丝织工艺画》。专利公开号：CN1295144。公开日期：2001-05-16。

生以来，人们对于织锦的纹饰色彩和纱线颜色之间的关系，所持的是直接一一对应的设计观念，即想要什么样的织物纹饰色，就染一种这样的纱线色用于织物的织造。到了近代，都锦生织锦已开始通过将两种颜色的色纬并置，产生第三种色相；并借助色纬浮长的逐渐变化产生色彩的渐变过渡的效果。虽然这两种设计方法在实践中已广泛应用，但还未形成规范化的设计方法和理论。

3.1.2.1 经纬纱线色彩组合设计

进入数字时代，色彩科学的原色理论启发了彩色数码织锦画的纱线色组合设计，并在领域内形成了某种共识。色彩的原色有两种，一是色料三原色，二是色光三原色。色料三原色为红、黄、蓝，适用于不发光材料的色彩混合，如颜料、涂料等。色光三原色为红、绿、蓝，适用于光的颜色混合，如计算机显示屏、投影仪的颜色混合。由于丝织物的纱线一般都是不发光的，因此采用了色料三原色，而不是色光三原色。从理论上，用红、黄、蓝三种丝线色可以混合调配出其他色相，再利用黑、白两色丝线调节色相的明度与饱和度，基本可以满足纹饰色彩的表达。红、黄、蓝三原色结合黑、白两色，就构成了彩色数码织锦画的五色丝线配置模式。但实践经验发现绿色用蓝、黄两色混合设计产生，视觉效果不是很理想，因此在条件允许的情况下，最好增加一组绿色纱线。于是关于织物纱线的配置就有了五色模式和六色模式之分。当然，如有特殊情况，也可以再增加一两种专用色。

彩色数码织锦画在组织结构方面的设计特点，是在重组织或双层结构基础上，表层运用影光组织的组合设计形成丰富的织物色。因织锦是由经、纬两向纱线系统垂直交织而成，彩色数码织锦也可分为经线起花显色和纬线起花显色两类。当以色经起花显色时，经线配置红、黄、蓝、绿等几种颜色，纬线则采用黑白两色方便实施；当选择纬线起花显色时，一般不考虑配备黑白双色经轴，而是将黑白两色中的一种转换为纬线色，即通过增加一组纬线取代一组经线，这样可以在只有一个经轴的织机上织造，提高生产适应性。由此，采用经线起花显色时，织锦画通常为双层结构；采用纬线起花显色，则织锦画多数为重组织结构。

3.1.2.2 织物组织结构设计

在双层结构基础上以经线显色为主的彩色织锦画或像景织物，表层组织的配置一般为变化平纹、四枚斜纹或缎纹，里层组织也对应配置变化平纹、四枚斜纹或缎纹，而连接表里两层的接结组织，则大多选择缎纹组织，其组织循环数一般采用两倍或两倍以上于表、里层所采用织物组织的循环数。彩色经线的显色方式有多种，可单独在织物表面显色，也可以两种或两种以上色经组合显色，色经不显色时则织入里层结构，如图 3–3 所示。此图中所示例子，经线为五组，分别为红、蓝、绿、黄和黑色，纬线为黑、白两组。图 3-3（a）表示有红、蓝两组经线显色，绿、黄、黑三色经线不显色，并由白纬遮盖，大致可以想象该组织产生的颜色是红蓝两色的混合色，即紫色。

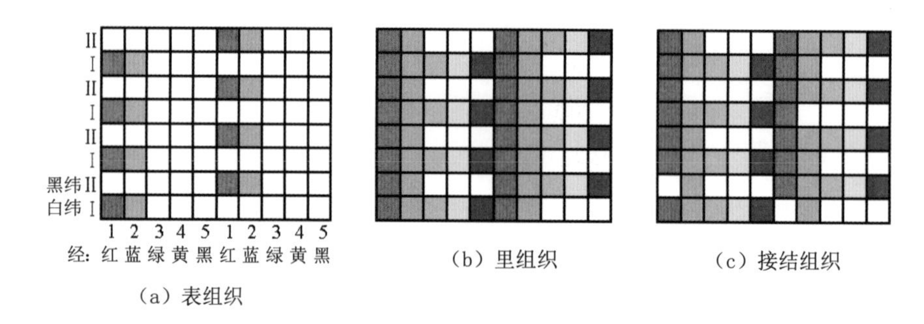

（a）表组织　（b）里组织　（c）接结组织

图 3-3 多色经像景织物的组织组合设计

通过不同的经、纬线的交织组合，可以产生丰富的织物色。织物色的色相变化，除了采用两色经、三色经共口组合获得之外，还可通过变化显色经线的浮长比例产生。如红色经和黄色经的组合，两者浮长相等时为一种橙色；当红经浮长长而黄经浮长短时，两者组合则可以形成橙红色，也就是说两组或两组以上色经的组合，还可以是不同比例的组合，这样织物色的变化可以更加多样化。对于采用经线显色的多色经织物，经线主要用于表现纹饰色彩的色相变化，而纬线主要用于对由经线混合产生的色相进行明度和饱和度的调节，如需提高明度则与白纬交织，需降低明度则与黑纬交织；再如，需降低饱和度，但又不希望明度有太大的变化，则可以利用黑白两纬调配出一个与显色经线颜色的明度相近的灰色。接结组织在色块面积较大时采用，色块较小时则可以不用，以尽量减少任何干扰显色效果的因素。

以纬线起花显色为主的彩色像景织物，通常经线为一组，因此多数情况下属于重纬结构。在组织设计方面，表组织一般采用 16 枚或 24 枚纬面缎纹，背衬组织可以选用与表组织有相同的组织循环纱线数的经面组织，也可以是组织循环纱线数两倍于表组织的经面缎纹。多色纬织物中，每一色纬都可以单独显色，也可以两组或三组组合显色，暂时不需要显露的色纬，则与经线交织形成背衬组织，如图 3-4 所示。图 3-4 中的织物组织图为四色纬展开效果图，表示有四组色纬，依次为黄、蓝、红、黑纬 / 白纬与一组白经 / 黑经交织，其中黄、红两纬均采用 16 枚 5 飞纬面缎纹，即表示两纬同时显色，产生的织物色为橙色。四组色纬中，不显色的蓝纬和黑纬背衬于黄、红两纬之下，其组织为 16 枚 5 飞经面缎纹。另外值得一提的是，当经线为白色时，四组色纬中一般有一组为黑色，而当经线为黑色时，纬线中将有一组为白色，有黑、白两种色可供调节织物色彩的明度和饱和度。纬线起花显色的总体设计思路基本上与经线起花显色类似。

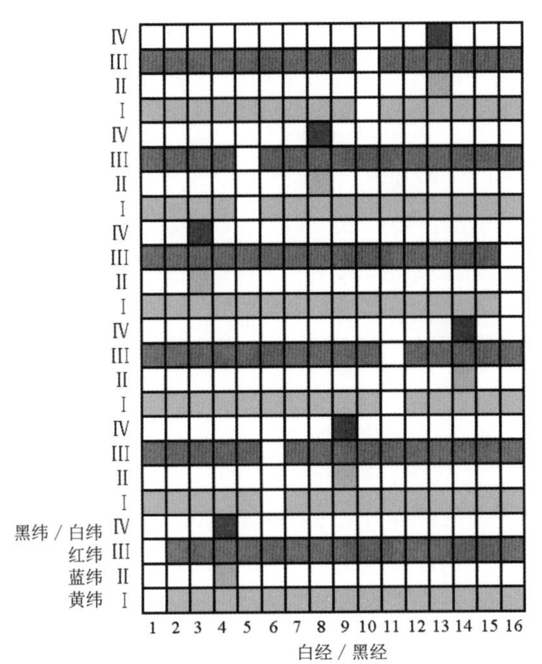

图 3-4 重纬结构四色纬显色组织配置（局部）

经、纬向纱线在织物表面的浮长变化，主要通过影光组织进行控制。起花显色的丝线不是经线就是纬线，因此影光组织的设计和应用也相应分为两种：一是经向增加组织点的影光组织，适用于经向纱线表现织物图像的色相变化，纬向纱线用于调节织物色的明暗变化；二是纬向增加组织点的影光组织，适用于纬向纱线用于表现织物图像的色相变化，经向纱线用于调节织物色的深浅变化。

3.1.2.3 意匠色处理方法

彩色数码织锦画在意匠色的处理方面，主要有两种方法。其一，对彩色图像中所有的颜色进行归并，通常为 256 色，再对归并和整理过的图像色一一铺设织物组织。此处理方法与传统人工意匠选色绘制相比较，有操作快捷、色彩表现数量多的优点，但纹样表现不如传统人工意匠选色方法清晰。其二，将图像色先按色系进行分类，再按色系进行颜色数量归纳。即将图像色分成红、黄、蓝、绿等几种色系，再分别按这几种色系进行色阶数量的归纳，使每个色系的颜色数量与基于影光组织的组合组织数量相匹配。此方法具有图像清晰、色彩丰富等优点，但在分色与意匠处理时费时较多，对设计人员的要求较高。

彩色数码织锦画的色彩仿真设计，从设计技术角度而言，已走在历史发展的前沿，但仍存在一些问题有待解决。第一个问题是，在色经或色纬的组合显色方面，采用共口组织将两根不同颜色的纱线合并在一起，很有可能出现一根纱线将另一根纱线大部分遮盖的情况，两根纱线在组合形态上是随机的，并不能产生理想的并置效果。第二个问题是，两根相邻的纱线为了获得显色量上的差别，一根采用较长浮长而另一根浮长较短，较长浮长纱线有可能将较短浮长纱线完全遮盖，于是在视觉上造成偏色或显色不纯、杂乱等缺点。第三个问题来自影光组织。影光组织的设计是基于一个基本组织，通过经向或纬向组织点的等量连续增加，获得从经线色向纬线色（或纬线色向纱线色）过渡的变化效果，但影光组织所形成的织物色渐变并非理想的均匀过渡，因为随着浮长连续地持续加长，纱线色在织物表面产生的显色效果并非均匀增加，其中的变化机理还有待进一步的研究分析。

3.1.3 双面数码织锦画

双面数码织锦画，是指正反两面都有完整的图像和色彩的织锦织物。织物一般都有正反面之分，在设计时，通常只需考虑正面的纹饰与色彩效果，而背面因在使用时不可见，也就无需考虑其花色纹饰效果。尤其是在古代手工业生产条件下，能将织物正面的纹饰色彩表现得尽如人意，已经非常不容易了，更何况是双面都要有完整的纹饰和丰富的色彩，这在手工业时代是无法想象的。但是作为装饰织物，有时也有这样的需求，比如双面刺绣工艺品，可以作为摆件、屏风等。随着计算机技术的应用，以及电子提花机和剑杆织机等生产设备的推广使用，激发了人们开发双面织锦画或双面像景织物的热情。

双面数码织锦画，根据其正反面纹饰、色彩效果组合形式的不同，可以分为四种类型：一是正反两面纹饰和色彩均相同；二是正反两面纹饰和色彩均不相同；三是正反两面纹饰相同，色彩不同；四是正反两面纹饰不同，色彩相同。另外，由于数码织锦画有黑白和彩色之分，在设计组合上，也可分为三种：一面黑白一面彩色；两面均为黑白织锦画；两面均为彩色织锦画。

在21世纪的第一个十年间，双面数码织锦画在组织结构上一般采用双层结构。在设计步骤上，首先是在织物设计软件中对正、反两面先各自独立设计，形成纹版图，再按所需的排列比将两幅纹版图进行合并，生成一幅完整的纹版图；其次，设计选纬信息，以及样卡的排列规划，最终生成一个电子纹版文件，用于上机织造。相关设计实践案例可参阅《电子提花双面像景织物的产品设计原理》①，以及《数码提花双面像景织物的设计与开发》②等文献。

---

① 周赳：《电子提花双面像景织物的产品设计原理》，《丝绸》2002年第2期。

② 韩容、张森林：《数码提花双面像景织物的设计与开发》，《纺织学报》2006年第8期。

3.2 组合全显色数码提花织物

组合全显色中的“组合”有三种解释。一是将“组合”作为动词来看，是指织物组织的一种组合设计。二是将“组合”作为名词来解，是指织物组织的一种结构样式。三是将其作为丝线颜色的“混合”方式来解，可细分为三种情况：其一是指同向纱线色的并置混合的呈色方式，即同是纬线或同是经线的并列组合；其二是经纬两向的垂直交织混合显色；其三是前两者丝线色混合方式的配合，使经纬交织显色达到最全面的情况。可见，组合全显色的“组合”有组合设计、织物组织结构样式与纱线混合呈色方式等三层含义。

组合全显色中的“全显色”指采用组合方法设计的复合组织，在最大限度上体现了织物组织变化设计的可能性，且这种变化设计是有规律的。组合全显色数码提花织物是指采用组合全显色设计方法和组合全显色组织结构的数码提花织物。组合组织设计一般有两种设计形式。一种是通过对一个完整织物组织的分解获得部分组织，再在应用时将部分组织重新组合起来，成为一个完整的织物组织。例如一个 8 枚缎纹组织，先按奇、偶数行将其分离为两个部分，分别产生由 1、3、5、7 行和 2、4、6、8 行组成的两个不完整的组织，如图 3–5 所示。在实际应用时，将两个不完整的组织分别用于两组不同的纬线，两组纬线相间隔与同一组经线进行垂直交织，在织物表面重新组合构成一个完整的 8 枚缎纹。以这种方法设计产生的效果是两组纬线在织物表面平列展开，是不交叠的并置。这与采用共口组织将两根纱线直接合并成一根混色的纱线来使用，在织物显色效果上是有所不同的。另一种是将两个或两个以上完整组织进行组合设计，这些完整组织的组织循环纱线数、飞数都相同，仅第一纬上的第一个经组织点的位置不同，即起始点位置不同，见图 3–6（a）和（b）所示。图 3–6（a）所示组织的起始点位置为第一纬上的第一个经组织点，即左下角的第一个点，其坐标为（1，1）。图 3–6（b）所示组织的起始点位置为第一纬上的第九个经组织点，其坐标为（1，9）。这种组合设计方法，无需先对一个完整组织进行分解，而是直接用多个完整的基本组织进行组合设计，如图 3–6（c）所示。本节的组合全显色组织就属于第二种情况。

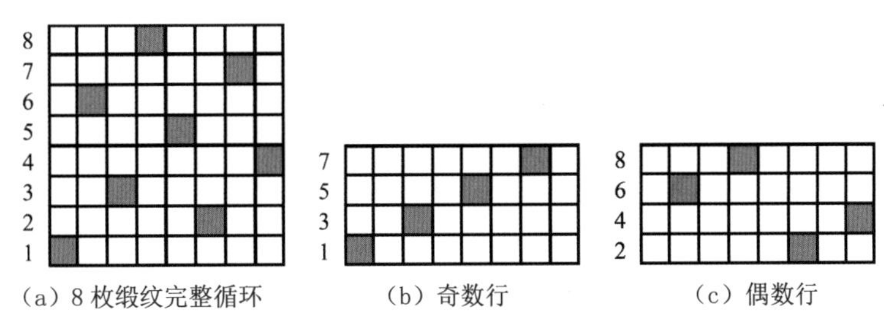

（a）8 枚缎纹完整循环　（b）奇数行　（c）偶数行

图 3–5 基于组织分解的组合组织设计

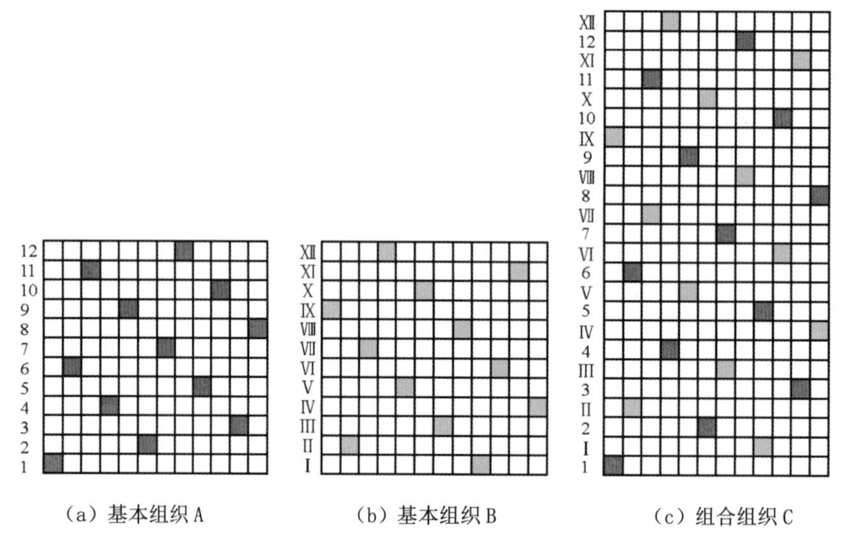

图 3-6 基于两个完整基本组织的组合设计

组合全显色中的"全显色"不是指图像的色彩，而是指织物组织的全部变化可能性。织物色彩是通过经、纬线的交织而形成的，而规划经、纬线交织规律的正是织物组织。因此，只有通过织物组织及其组合的规划设计，才能按照人的预设显现织物色彩。在组合设计概念的基础上，目前的全显色组织结构具备两个主要设计特征：一是组织的影光过渡设计，即组织点按一定规律进行递增或递减，构成能实现将经线色过渡为纬线色或反之的系列织物组织。虽然影光组织在黑白、彩色数码织锦画的设计中已有广泛应用，但组合全显色数码提花织物采用的影光组织有自身的设计特点，与前者并不完全相同。二是全显色技术点的设计，即通过增设防止同向纱线滑移的织物组织点，避免色纱间相互遮盖而造成偏色的设计问题。

3.2.1 色彩仿真提花织物

3.2.1.1 黑白仿真提花织物

采用组合全显色组织结构设计的黑白仿真提花织物，可分为两种类型。第一种是由一组经线和两组纬线交织而成的，两组纬线中，一组用于加固织物组织结构的稳定性，另一组用于表现纹饰色彩的黑白变化。第二种是由一组经线和四组纬线交织而成的，四组纬线中，第一、三组所用组织相同，第二、四组所用组织相同，四组纬线都用于表现纹饰色彩的黑白变化。从织物组织结构角度而言，两者是基本相同的。第一种是将基本组织和一个配合组织分别用于两组纬线；第二种是将基本组织和一组配合组织分别使用两次，即第一、三组纬线用基本组织，第二、四组纬线用配合组织，因此，对于织物的整体结构而言，它们是相同的。两种设计方法的区别主要有三方面：一是图像处理方面，第一种针对的是一幅灰度图像，第二种针对的是一幅彩色图像，但无论原始图像是黑白还是彩色，最后织物都是黑白的；二是影光组织的组数，第一种组合全显色使用一组影光组织和一个单独的配合组织，第二种组合全显色则需要两组影光组织，在应用时两组影光组织分别使用两次，所以实际上用了四组影光组织；三是第一种组合全显色中，用于加固组合组织结构的配合组织是一个经面组织，同时也是全显色技术点构成的组织。

下面具体来看第一种类型的织物组织设计及其组合效果。这一类型的黑白仿真提花织物，需要两组织物组织，其中一组用于表现织物图像的黑白渐变效果，因此采用影光组织，如图 3-7（a）所示；另一组则为一个单一的织物组织，如图 3-7（b）所示，称为“配合组织”。这个配合组织由影光组织中的第一个组织（通常为纬面组织）变化而来，它的具体设计方法是，先将这个纬面组织中经、纬组织点进行反转设计，即将经组织点变为纬组织点，而纬组织点转为经组织点，完成这一步之后，再将纬组织点沿经向向下增加一个纬组织点，形成上下两纬有两个重叠纬组织点的织物组织，见图 3-7（b）。配合组织的主要作用是固定显色纬线，防止其滑移。将影光组织和它的配合组织逐纬进行组合，产生的组合效果见图 3-7（c）。从组合之后的效果可以看出，在设计应用时，配合组织始终不变，影光组织则根据所要织造的灰度图像的明暗变化而不同。

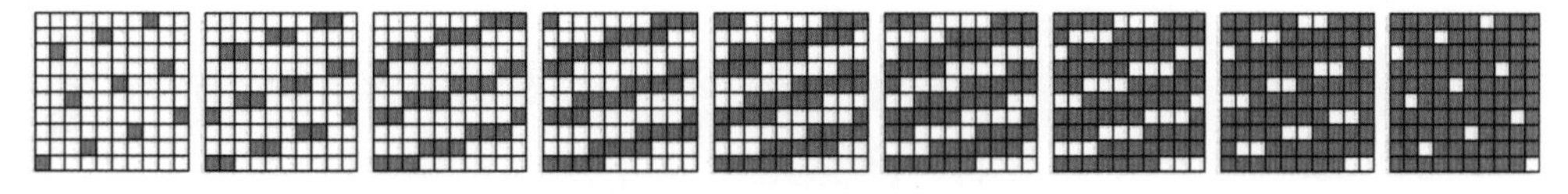

（a）10 枚 3 飞缎纹影光组织

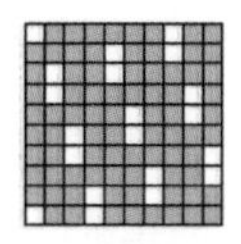

（b）配合组织

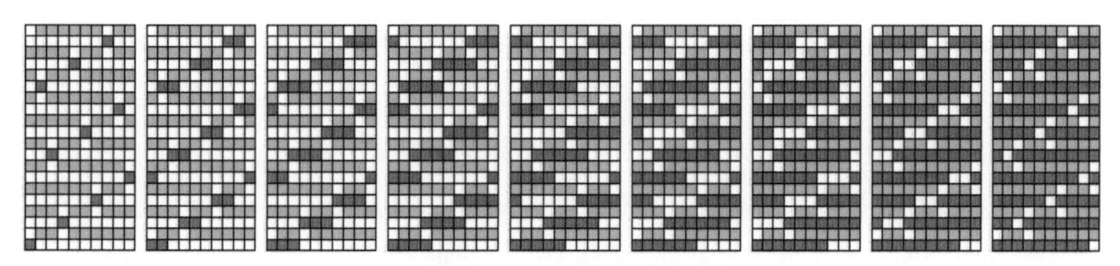

（c）影光组织与配合组织的组合设计

图 3-7 基于黑白图像的黑白仿真提花织物组织设计

为了进一步考察采用一组影光组织和一个配合组织设计的组合全显色黑白色彩仿真织物的效果，笔者设计了三幅黑白仿真提花织物，如图 3–8 所示。三幅织物中，第一幅采用了一组纬向加强影光组织和一个配合组织，即采用了组合全显色织物组织，织物效果见图 3–8（a）。第二幅采用了一组纬向加强影光组织，没有配合组织，织物效果见图 3–8（b）。第三幅采用了一组经向加强影光组织，也没有配合组织，织物效果见图 3–8（c）。除了所采用的织物组织不同外，其它生产条件都相同，都由一组白经和一组黑纬织造而成，并且经纬密和纱线原材料均相同。总体而言，组合全显色提花织物所呈现的图像黑白层次较为均匀，暗部细节清晰可见；而中间一幅则暗部过深，导致图像暗部细节看不清；第三幅织物黑白对比较第一幅更强烈一些，而暗部细节也是十分清晰的，并且在织物纹理方面，甚至较组合全显色组织织物更加细腻。

（a）组合全显色组织织物

（b）纬向加强组织织物

（c）经向加强组织织物

图 3-8 采用三种不同织物组织的黑白仿真提花织物效果（笔者设计）

通过上述比较说明，采用组合全显色组织的黑白仿真提花织物，它的优势是在白经黑纬的设计条件之下，采用纬向过渡影光组织时，织物图像暗部不会过深，整体效果基本有保障，但相较于采用一组影光组织设计的提花织物，无论是纬向加强还是经向加强，它的织物纹理都较为粗糙一些。也由于它的暗部不十分深，反而显得画面有少许的灰暗之感。

第二种类型的组合全显色组织由两组影光组织构成，这两组影光组织的基本组织具有相同的组织循环纱线数和飞数，唯一不同的是起始点位置，见图 3–9（a）和（b）。第一组中，基本组织的起始点位置为第一纬上的第一个经组织点，坐标为（1，1）。第二组的起始点位置为第一纬上从左至右的第九个经组织点，坐标为（1，9）。影光组织 A 的组织点增加方向是从左到右，影光组织 B 则相反，从右到左增加。此图例中，每次增加的组织点数等于基本组织的循环纱线数即 10，每次递增 10 个点，得到 8 个一组的影光组织库。影光组织库中的组织数量一般根据要织造的图像的色阶数决定。也就是说，如果提花织物要表现一幅从白到黑变化非常微妙的图像，那么组织库中的组织数量要大一些；反之，如果图像画面简单，明暗层次少，组织库中的组织，数量可以少一些。

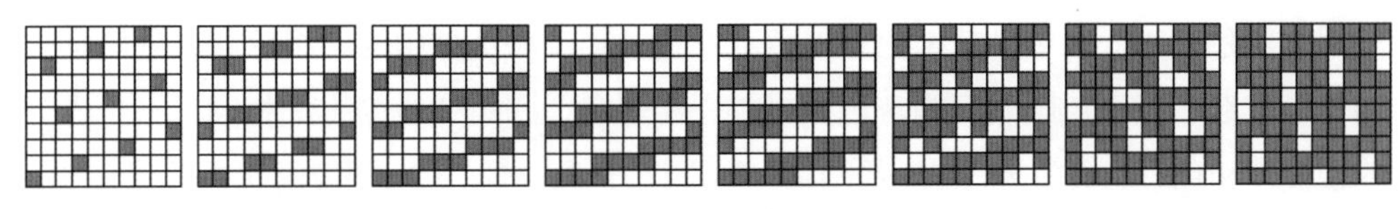

(a) 影光组织 A

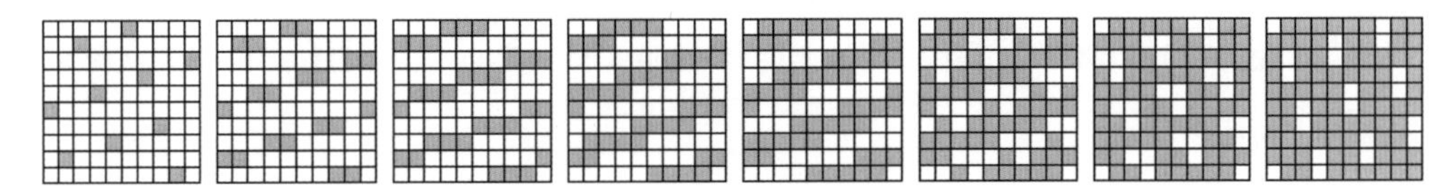

(b) 影光组织 B

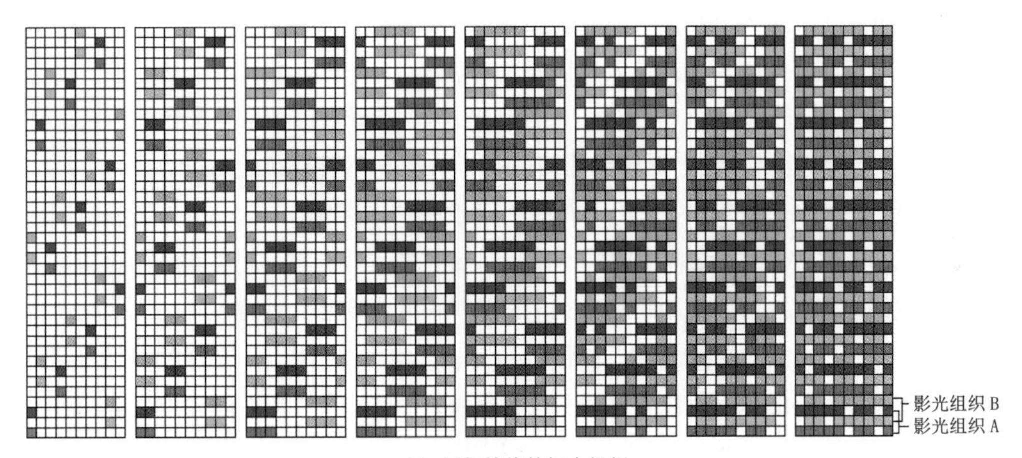

(c) 四组纬线的组合组织

图 3-9 基于彩色图像的黑白仿真提花织物组织设计

第二种类型的影光组织，每组都包含一个被称为“全显色技术点”的配合组织，即每组影光组织中的最后一个经面组织。这个全显色技术点组织的设计方法，与前面提到过的配合组织的设计方法是一样的，只不过这里是两组影光组织，所以影光组织 A 的全显色技术点由影光组织 B 的基本组织变化设计而来，而影光组织 B 的全显色技术点组织则由影光组织 A 的基本组织变化设计产生，这样就可以达到两组影光组织相互制约的目的。其他的具体设计方法，前面已经谈及，这里不再赘述。两组影光组织通过逐纬组合，并各自使用两次，就可以满足四组纬线的组合显色设计要求，其组合效果如图 3-9（c）所示。

两种组合全显色组织的黑白仿真提花织物设计，除了在组织结构上的异同之外，还有如下三个方面的区别：

一是原始图像的色彩模式和分色图数量。第一种类型的原始图像为灰度模式，即图像本身为黑白图像，因此用于设计织物的图像只有一幅；第二种类型的原始图像为彩色模式，而彩色图像在进行织物设计时，需先进行分色处理，如采用印刷四原色模式分色，就相应有四幅分色图。二是纬线的数量、颜色配置。第一种类型中的两组纬线，一组为黑色，另一组可以是黑色、白色或灰色；第二种类型中的四组纬线，分别选用与青、玫红、黄三色同明度的灰色，再加一组黑色，四组纬线的粗细相同。三是设计的便捷性和色彩仿真效果。“一经两纬”型设计方便，提花织物图像的黑白效果分明；而“一经四纬”型黑白仿真提花织物的设计流程相对繁琐，要经过分色、四幅分色图的色阶归并，以及一一铺设组织，再逐纬按1 : 1 : 1 : 1重新组合等步骤，需花费较多时间，但从黑白色调的仿真效果而言，细节上应该更加细腻。然而，目前还没有相关文献对它们进行比较研究。

3.2.1.2 彩色仿真提花织物

2001 年，有国外专利提出一些彩色仿真提花织物的设计方法，在组织结构上与组合全显组织有较多共同点，其中最具代表性的有两项。一是彩色提花织物织造方法。该专利描述了织造方法的实施步骤，具体包括：1）选择合适图像（彩色图像或彩色照片）；2）扫描图像或用数码相机翻拍；3）将图像输入计算机之后进行分色，形成多幅灰度图；4）归并相近的色阶，并使其与缎纹组织的数量相等；5）将缎纹组织铺入灰度图，形成四幅组织结构图；6）将四幅组织图按照投纬顺序进行逐纬组合，形成一幅完整的组织图。其所使用的具体实例，是对一幅彩色照片进行色彩仿真提花织物设计，彩色照片输入计算机之后，采用 CMYK 色彩模式进行分色，并采用一组白经和四组色纬（蓝色、红色、黄色和黑色）进行交织，织造出具有印花图像效果的彩色提花织物。[①]二是多彩织物编织方法。该专利采用三组色经（红色、黄色、蓝色）和一组白色纬进行交织，在组织结构上属于单层结构，如图 3-10 所示。[②]图 3-10 中，1、2、3 表示三种经线，分别为蓝色、红色和黄色；4 表示白色纬线；5 表示一个循环的织物组织。通过三种基本色不同比例的组合获得其他颜色，并通过白色或黑色进行明度调节，或根据需要采用其他纬线色。该专利认为经线不适合经常更换，而纬线的更换却十分便捷，因此可以根据需要对纬线的组数和颜色进行调整。如果要求有非常洁净的白色地，应配置一组白色经线。如果需要一些不能通过三种原色混合获得的特殊颜色，可以选择增加一组相应颜色的纬线，而不是经线等。

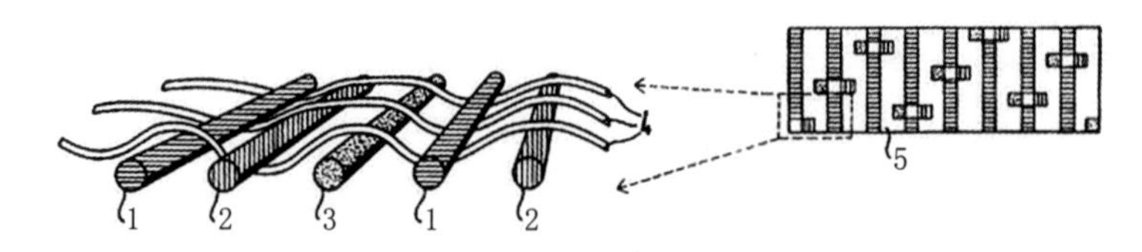

图 3-10 组织结构

[①] 钟日荣、何钟（台湾）：《具有彩色图像的提花织物织造方法》。公开号：US 6185475 B1。公开日期：2001-02-06.

[②] 霍尔德 · 克里斯特 · 埃克隆德 (Christer Ekelund, Horred)（瑞典）：《一种多彩织物编织方法》。公开号：US 6247502。公开日期：2001-06-19。

上述两项专利中，前者以纬线显色起花，后者以经线起花显色，已经把经纬线交织成机织物的两种主要显色方式都包含在内。但两项专利都没有详细介绍使用的织物组织，也就无法对其进行评论。国内专家学者更关注织物组织的设计，尤其是影光组织的设计与应用这一层面。这一方面正是体现古代织锦、近代都锦生织锦、现代数码织锦画，以及组合全显色织锦之间不同的主要方面。下面从色彩仿真效果与织物组织结构的设计理念两个方面做比较，使读者对组合全显色提花织物的设计方法及其仿真效果有大致的了解。针对古代织锦、近代都锦生织锦和现代数码织锦，笔者选取三幅对应的织锦织物，如图 3-11 所示，其中：（a）为属于古代织锦的缠枝凤纹云锦；（b）为属于近代织锦的彩色织锦画；（c）为采用组合全显色组织设计的色彩仿真数码提花织物，表现对象是一幅写实的油画作品。

（a）古代织锦（云锦）

（b）近代织锦（都锦生织锦）

（c）现代数码织锦（组合全显色）

图 3-11 三种不同时代的织锦

古代织锦在纹饰的色彩表现上，以平涂色块为主，有时再增加一色勾边，使图案纹样色与地色更显分明，织物总体显色纯净、肯定。在显色纱线方面，既有纬线显色，也有经线显色，但是两者均单独显色，而没有以经、纬线按一定比例交织的混合显色。有整幅都是纬线显色，也有都是经线显色，还有经线显色为地部而纬线显现纹样色等。在组织结构方面，以重组织结构为基础，无论经线起花显色还是纬线，在最上面都只有一种纱线，既没有共口组织，也没有组合组织使同向的两种不同颜色的纱线同时显现，更没有系列影光组织在经、纬线之间架起颜色互变的桥梁。纹饰色的变化以直接更换纱线色得以实现，而不是借由织物组织的变化而获得。孙机在其著作《汉代物质文化资料图说》提到，汉代织锦无论是二色锦还是三色锦，都利用提压经线改换表经的颜色加以显花，织纹没有变化，所以如果将其浸染在一色染缸中，则图案花色就不容易看出。尽管唐中期之后出现了以纬线显色为主的纬锦，但在显色方式上仍与汉代经锦基本相同。当然，如果地部用经线显色而花纹用纬线显色，或反之，这样就会出现因织物组织变化而产生的织纹变化。但是，尽管有经面组织和纬面组织同时出现在一幅织锦中，也仅限于两种组织。因此，古代织锦一般颜色单纯，而且一幅织锦画中颜色数量非常有限，绝大部分不会超过 5~6 种，最多也不会超过 30 种。

近代都锦生织锦较之古代织锦，在纹饰色彩效果和数量上都有明显提升。近代织锦最有时代特色的是，表现黑白人像和风景照片，以及彩色绘画作品等。由于表现对象在色彩方面变得复杂，相应地发展出影光组织和共口组织。但这时的影光组织主要用于黑白像景，共口组织主要用于彩色织锦的设计。其影光组织是以斜向过渡的方式设计的，因此存在交织不平衡的技术缺陷，需要另加一组纬线进行弥补。彩色织锦当时还没有采用影光组织进行色彩表现，但为了表现颜色的晕色渐变，出现了手工绘制浮长形成两色纬，甚至三色纬之间的渐变过渡，如图 3–11（b）所示。此织锦中的假山岩石表面的纹理与明暗变化，与丹顶鹤羽毛的光影变化，是由纬线浮长的长短变化以及相互穿插组合表现，但鹤顶的红色、鹤颈的黑色和右下角的花卉叶子都依旧采用一色的纬线表现。可见，这幅彩色织锦既保留有古代织锦的一色纬平面表现，也有利用多色纬浮长的变化及其相间配合，呈现色彩变化的丰富层次。近代彩色织锦虽然采用了共口组织与手绘浮长的方法，拓展了色彩表现的手法，但其织物组织结构与古代织锦差别不是太大，反而是黑白像景与古代织锦区别更明显。近代彩色织锦也还没有开始借助织物组织进行色彩设计，仍旧是以更换纱线色以满足对特定色彩的需求。因此，为了获得更丰富的色彩效果，只有不断增加纬线色的组数，最多时高达 15 组纬。纬线组数越多，不仅生产效率越低，而且织锦会变得十分厚重，同时用料也较为浪费。

最后来看组合全显色数码提花织物对图像色彩的仿真表现效果，如图 3–11（c）所示。首先此织物是单层提花织物，即由一组白色经线和一组由四种不同颜色构成的纬线交织而成。四种色纬按 1 : 1 : 1 : 1 的排列比顺次织入梭口，相互之间没有上下层叠。图中织物表现了一幅暖色调的写实油画，色彩仿真度高，织纹细腻，并且织物十分轻薄，手感柔软。此时织物纹饰的色彩是以织物组织的变化设计产生的，因为织物从头至尾就用了红、黄、蓝、黑和白五种纱线色。

通过对上述三个不同时期织锦纹饰色彩表现的比较，贯穿其中的有一条较为清晰的发展路线。古代织锦的色彩表现完全依靠纱线色，近代织锦开始从纱线色向织物组织因素转移，到了现代数码织锦，尤其是基于组合全显色结构的色彩仿真提花织物，演变为以织物组织的变化设计与组合应用为重心进行织物的色彩表现，而织物的纱线色固定为 5~6 种原色。至此，织锦对图像色彩的表现进入了一个更为自由的阶段。纱线色是一种确定的颜色，不结合织物组织，一种纱线色始终只能是它自已，而织物组织这种设计因素，相对于纱线色有更大的变化空间。当纱线色从具体颜色变成原色，再结合织物组织的影光变化，通过两种设计因素的配合，最终使提花织物的色彩表现达到前所未有的自由境界。

3.2.2 双面色彩仿真提花织物

组合全显色双面色彩仿真织物，在织物组织结构上与一般双面像景织物相同，都是双层结构，即正面一层、反面一层，再通过接结组织将两面连接成一片织物。最简单的双层织物由两组经线和两组纬线交织而成，即正、反两面各用一组经和一组纬。复杂的双层织物有正、反两面，各自的经、纬线都超过两组，或经线超过两组而纬线一组，或纬线超过两组而经线一组等。如双面像景类织物，一般正、反两面的经线各一组，共计两组，而纬线均采用两组以上，共计四组以上。

从差异的角度而言，一般的双面像景织物，其正、反两层各自以重组织结构为主，其设计思路是图像色与一个能反映该图像色的复杂织物组织一一对应进行色彩设计。基于组合全显色组织结构双面提花织物，其正、反两层各自为单层结构，织物图形或图像的色彩是通过同向纱线水平并列，再与另一向纱线交织产生的。这是目前两者在结构上的主要区别。换言之，一般的双面像景就是将两幅都是重纬结构的数码织锦画进行组合，正反两面各一幅；而组合全显色双面提花织物，则是将两幅都是单层结构的组合全显色提花织物进行组合，形成双面双层提花织物。

专利《一种双面全显色的提花织物结构设计方法》[①]就是基于组合全显色结构的双面提花织物设计方法，其所提供的具体设计案例，是采用两组经线和四组纬线进行交织的双层结构织物，织物两面均为一经两纬的组合全显色结构，并采用规则接结组织进行自身接结。织物双面均可表现具有晕染效果的纹饰，但每一面色彩仅限于两种纬线色和一种经线色的混合色表现。

从色彩表现效果而言，组合全显色双面织物两面都可以均匀细腻地表现图像色彩的渐变效果，而且织纹纹理统一、平整光洁。尽管是双面双层织物，但地质仍较为轻薄。普通双面像景织物由于结构原因，对色彩变化的过渡衔接不如组合全显色双面织物顺畅，不同色彩区域在纹理上也有不同的变化，织物较为厚重。此外，基于组合全显色结构的双面提花织物设计便捷，生产效率高，并且对设计经验依赖度较低，只要掌握设计方法，设计生产的产品在效果上不会有太大的差距。换言之，对新手友好，上手快。

3.2.3 效果创新提花织物

效果创新是相对于色彩仿真而言的。从古自今，织锦以手绘图案纹样、书画作品、摄影照片和数码图像等为蓝本，通过经纬线的交织将它们逼真地表现于织锦之上。从古代织锦工匠到现代织物产品设计师，他们为了呈现越来越丰富的纹样色彩，一直在努力革新设计技术，并促进织机与织造技术的改良和创新。如今，在数码仿真提花织

[①] 周赳、张萌：《一种双面全显色的提花织物结构设计方法》。公开号：CN 102828319A。公开日期：2012-12-19。

物的设计生产经过近二十年的发展之后，研究人员已经不再满足于对纹样蓝本的模仿设计，于是出现了以效果创新为主旨的设计研究。所谓效果创新，就是不以模仿和再现纹样底稿为设计目标，而以表现织物组织本身的设计价值为一个重要方向。提花织物的设计因素有经纬组合、织物组织、纱线材质与色彩等三个主要方面，基于组合全显色结构的效果创新提花织物的设计旨趣，主要是以三者中的织物组织设计因素而展开的。

3.2.3.1 单面效果创新

单面效果创新是指以通过织物组织的变化设计与组合应用，使数码提花织物获得全新的图像、图形及其色彩视觉效果。单面效果创新有两方面特点。一是创新效果只出现于织物的正面，而不考虑其背面。这是相对于双面提花织物而言的，即一面图像与色彩是完整的，另一面不特意要求完整。二是指对图形、图像及其色彩视觉效果的呈现，不包括织物纹理的触觉效果。

基于组合全显色结构的单面效果创新提花织物设计，主要利用两组或两组以上包含全显色技术点的影光组织，设计织造具有多幅图形或图像于一体的提花织物产品。就目前而言，单面效果创新提花织物设计大致可以分为两类：一是相同图形、图像的正负底片组合设计；二是不同图形、图像的透叠组合设计。

第一种类型，如花纹闪色提花织物设计，实现了一幅互为正负底片关系的图像，同时显现于织物正面的设计效果。[①]如再配以两组互为对比色或补色的纬线，就可以获得既有图像纹饰又有闪色效应的织物。这里的闪色效应的设计灵感源于一种传统的平素织物。这种无纹饰的平素织物的经线、纬线各用一种颜色，采用一上一下的平纹组织交织而成。当从不同的角度观看织物时，有时看到的是经线色为主，有时则只看到纬线色为主，两相交替形成一种闪色之感。这种无花纹的闪色织物，因有独特的视觉感受而受人喜爱。织物具备这种闪色效应大致有两方面的条件：一是经纬异色，且最好是对比色或互补色关系，如一色是红而另一色是绿，或一色黄另一色紫等；二是经纬显现在织物表面的量相等。受传统闪色织物的启发而设计的“花纹”闪色织物是一种创新效果，它不仅有闪色效果，而且是以花纹的形式呈现，较传统无花纹的闪色织物更富变化性。除了采用一幅图像设计的花纹闪色提花织物之外，还有采用两幅互为正负底片关系的图像设计的闪色提花织物。在织物组织设计方面，两幅正片图像采用相同的一组基本影光组织，而两幅反片图像则采用另一组配合影光组织，设计产生的提花织物既可显现两幅不同的图像，又具有闪色效果，十分新颖独特。

由于织物是由立体的经纬纱线交织而成的，随着观看角度的变化，织物花色也在改变。这种特殊视觉感受只有提花织物才具有，而采用印花工艺加工的花色是不具备

[①] 周赳、吴文正：《花纹闪色数码提花织物设计原理和方法》，《纺织学报》2007 年第 9 期。

的。正是利用了经纬交织产生的凹凸立体特质，再借纹饰和色彩对其进行强调和发挥，才形成了特有视觉感受。

第二种类型，如叠花效果和透叠效果提花织物设计。其中，叠花效果提花组织设计案例采用两幅或四幅图形进行单面效果创新设计，采用的组合全显色结构为两组影光组织的组合构成，因此适用于二、四等偶数幅图像、图形的并置组合设计。透叠效果提花织物设计是基于奇数组组合的设计实践，如图 3-12 所示。

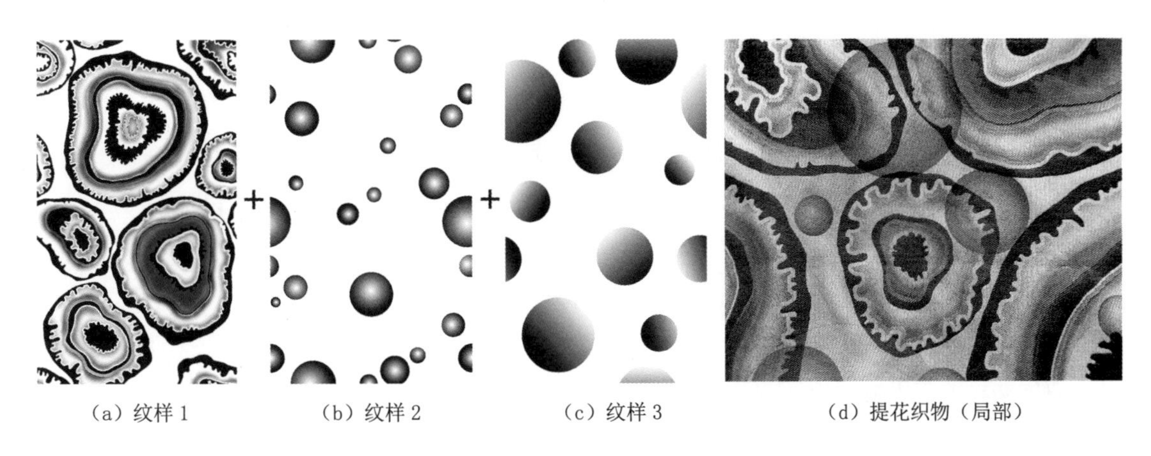

（a）纹样 1　（b）纹样 2　（c）纹样 3　（d）提花织物（局部）

图 3-12 透叠效果提花织物及其设计图（笔者设计）

图 3-12 中的设计实例为同时表现三幅独立的四方连续纹样，最后所有图形都能完全显示于提花织物表面，见图中 (d)，三层图形之间形成一种叠加可见的关系。这种透叠效果的图形可以呈现渐变色效果，而不是一块没有变化的色块。这说明，透叠效果提花织物可以表现非常复杂的人像、风景等图像，而不是色彩简单的装饰图案，这也是其中值得一提的关键技术特点。因为如果将织物组织和纹样色进行一一对应的匹配设计，这种常规的织物设计方法是无法实现兼具多彩渐变和透明感的纹饰效果的。

叠花、透叠效果都是借助图形和图像色彩来表达一种透明感，不同的名称说明当前还没有统一的命名而已。多层图形、图像层叠在一起时，所有的图形都是可见的，这也是现代平面设计所追求的一种视觉表现形式。组合全显色组织结构是对具有独立设计功能的影光组织的组合设计，因此对表现具有透明感的图像效果非常有优势，可适合任何图像的透叠组合设计。

3.2.3.2 双面效果创新

两面都有纹饰色彩的双面织物是近代新出现的提花织物品种。在古代，我们有双面刺绣的物品，但没有双面都有完整纹饰与色彩的织锦。双面织物一般采用双层结构，尤其是要表现复杂图形或图像的双面织物，双层结构是首选。双层结构提花织物根据其结构不同，一般被分为四种：表里换层双层织物、自身接结双层织物、附加接结双层织物和填芯双层织物。双层织物的经、纬纱线是有表里之分的，称为表经、表纬和里经、里纬四种。其中，表经和表纬用于正面图像色彩的表现，而里经、里纬用于另一面图像色彩的表达。自身接结双层织物就是在表、里经和表、里纬的基础上，用表经和里纬交织或里经和表纬交织，使表里两层结合成一个整体。从织物组织结构的角度而言，自身接结的双层织物、附加接结经的双层织物和填芯双层织物三者，都相对固定，唯独表里换层的“换层”概念，为双层提花织物结构的创新设计，提供了一个新的设计空间。

表里换层是指将原本用于正面的表经、表纬用于背面，而将用于背面的里经、里纬用于正面的织物结构设计。通过表里纱线的交换设计，一方面可以丰富纹饰的色彩，如果表里纱线原材料不同，也可以增加材质的多样性；另一方面，通过交换可以达到表里两层接结的作用，而且这种接结可以根据花纹的轮廓造型进行，都具有创新设计的空间。利用双层结构的表里换层设计，达到对织物表面纹饰、色彩的多种组合变化设计，为双面创新效果提花织物设计开辟了途径。

双层结构的表里换层设计，具体可分为三种：一是只交换表里经线，而表里纬线不变；二是只交换表里纬线，而表里经线不变；三是表里经线和纬线都交换。对于一个织物图像而言，这三种情况可以根据设计需要同时使用，也可以只用一种或两种。除了组织结构的变化之外，还可以结合图案的变化设计。这样又可以产生三种组合设计：一是正反两面图案不交换，组织结构交换；二是正反两面图案交换，组织结构也交换；三是正反两面图案交换，组织结构不交换，可见其广阔的创新设计空间。

3.2.3.3 纹理效果创新

纹理效果也称肌理效果，是指由经纬纱线交织产生的，具有凹凸、透孔等立体触觉感受的特殊纹理。肌理纹理是相对于常规平整的织物纹理而言的，如蜂巢组织、网目组织、透孔组织和凸条组织等形成的肌理纹理，后者如平纹、斜纹、缎纹等三原组织形成的纹理效果。后者虽然也会产生织物纹理，但通常极为平整细腻。蜂巢、网目等组织也被称为联合组织，因为它们是由两种或两种以上原组织（平纹、斜纹、缎纹）或变化组织（平纹变化组织、斜纹变化组织、缎纹变化组织），用各种不同方法组合而成的组织。比如蜂巢组织，由平纹组织和长浮长的块面相间排列组成，借助两者不同的织缩，在织物表面形成四周高、中间低的菱形、方形或其他几何形。因看起来有些像蜂巢，而被称为蜂巢组织。

这些联合组织在应用上，或单独使用，或以平纹或斜纹为地，联合组织点缀其中。联合组织单独使用时，织造的织物都为素织物；以平纹或斜纹为地组织，联合组织为

花组织使用时，织造的织物为小提花织物。素织物和小提花织物由于经纬密较低，适合表现联合组织特殊的肌理效果。以表现纹饰色彩为主要设计目的大提花织物，一般都采用较高的经纬密设计，并不适合表现联合组织的独特的设计价值。通过对联合组织进行包边设计，或进行递增加强设计，为在高经纬密前提下应用联合组织创造了可能性。纹理效果创新提花织物如图 3-13 所示。

（a）织物实物

（b）织物实物局部放大效果

图 3-13 纹理效果创新提花织物（笔者设计）

图 3-13 中的提花织物表现的是由平面色块、渐变色块和肌理效果组合而成的抽象纹样。其中色块部分有三种色彩表现形式：一是同向纱线之间的颜色过渡转化，即两种不同纬线色之间的相互渐变，如从黄纬色过渡到蓝纬色；二是异向纱线之间的颜色相互转化，即纬线色与经线色之间的渐变过渡，如从蓝纬色渐变到白经色；三是单一纱线色表现，即一种经线色或一种纬线色，如织物图像中的黑色色块。纹理部分有两种情况：一是视觉肌理效果表现；二是触觉肌理效果表现。视觉肌理效果在织物组织纹理上是单一的，它所形成的肌理是图形本身因色彩的明暗变化而形成的；触觉肌理效果是利用织物组织的变化形成了凹凸起伏的触觉肌理，它的肌理效果主要是因经纬纱线交织而产生，而不是图像的因素。这幅提花织物的纹理创新主要体现在将晕色渐变与联合组织产生的纹理进行了综合设计，使织物获得独特的外观效果。此外，无论是渐变色的表现，还是肌理效果，都从不同的角度进行了展开，使提花织物在这两个方向都有丰富的设计呈现，这是采用传统织物设计方法难以实现的。

3.3 现代数码织锦纹饰的审美取向

3.3.1 求真：按实肖像

3.3.1.1 表现题材

现代数码织锦画一般以古今中外名家的绘画作品、书法作品，以及人物、风景摄影照片为表现题材，织物产品的主要用途是欣赏和装饰，也有被用于制作服装或家用软装产品，如靠垫、桌旗等。数码织锦画选择上述题材为呈现对象，可以说是一种产品设计策略。绘画、书法作品作为艺术品，其本身就是艺术美的物化体现，尤其是名家之作，有着被大众喜爱的先天优势。名家绘画、书法作品选择范围非常广泛，且一般都具有较高的审美趣味和文化价值。只要将其逼真地再现出来，就达到目的了，有事半功倍的一面。现代数码织锦画的消费群体，一般而言是普通民众，他们既不要求通过绘画或书法织锦画获得对绘画、书法艺术本身的审美感受，也不是为了欣赏织锦技艺的精妙之处，更多的是将其作为一种具有中国文化特色的产品，以满足一种潜在的对文化或民族身份认同的需求。

3.3.1.2 作为色彩写实手段的织物组织

现代数码织锦画的设计主要通过对不同织物组织的组合运用，使纱线能根据设计构思进行显露或隐藏，从而获得特定的纹饰与色彩。织物组织就如同画笔，不同的组织及其各种不同的组合如同各种笔法，将黑白纱线或彩色纱线进行涂抹，在形成织物的同时塑造了图像，并赋予其色彩之浓淡和晕染之变化。以至于织锦的技术美，往往落在了被仿制对象（绘画、书画作品）与由经纬线交织产生的织锦图像之间的相似程度。这种仿真设计正是千年来织锦匠人孜孜以求的。

古代织锦只能表现平面化的图案和有限的几种颜色，并且颜色通常只以平涂的形式呈现，不能表达色彩的丰富渐变效果。手工挑花结本、人工拉花、脚踏手织等生产方式和生产工具决定了古代织锦的纹饰、色彩的样式和表现特点。手工劳作耗费了工匠们太多时间和精力，那时的人们也还不具备挖掘织物组织设计价值的主观条件。由于受设计、生产的物质条件和时代环境的制约，人们还没有发现织物组织的设计功能。进入数码设计生产时代，当所有需付出体力的工序都被计算机辅助设计系统、图像处理软件，以及电子提花机等工具、设备所承担之后，才有条件专注于织物组织的变化设计及其组合应用的探究之中。

织物组织的设计功能主要体现在对色彩的自由表达层面。色彩的表达是指通过经纬色纱的交织组合将原始图像的色彩效果显现于织锦上。这种表达在本质上是一种对色彩变化过程的呈现，根据色彩的三要素可分为三种情况：一是色相的变化，即从一种色相到另一种色相，如从红色到黄色；二是明度的变化，即从一种深色到相同色相的一种浅色，如深蓝色到浅蓝色；三是纯度的变化，从一种鲜艳的颜色到一种没有明显色相感的灰色等，如从纯红色到灰色等。从上面三种情况可知，这些都是一种渐变的过程，只要能将这种变化的过程表现出来，就解决了问题的关键。

从织物经、纬纱线构成的类型或关系的角度而言，可以有四种渐变关系：一是经、纬两向的渐变构成，即从经线色到纬线色的过渡，或从纬线色到经线色的渐变过渡；二是同向纱线色之间的混合，如两组纬线或两组经线色之间进行颜色过渡，三组纬线或三组经线色之间进行颜色过渡等；三是在同向混合的基础上，再与垂直方向的纱线色进行渐变构成，如红、黄两组色纬组合之后，再与一组白色经线进行交织，形成一系列从橙色到橙白色的渐变色；四是同向两组或两组以上纱线色的组合渐变，如两组色纬组合渐变，一组红色纬保持不变，而另一组蓝色纬从最长浮长逐渐过渡到最短浮长，从而形成一组从紫色变成红紫的渐变色。但这个红紫色还要受经线色的影响，因为在蓝色纬逐渐从长浮长渐变为短浮长时，短的那部分浮长其实被压于经线之下，所以蓝色纬浮长虽然短了，但同时必然混入了经纱色。这也是同向色纱渐变组合不能完全纯粹的原因所在，而且是组合全显色组织结构在色彩表达上，织物色饱和度不理想的主要根源之一。

通过对经纬纱线组合类型的梳理，可以明确织物组织的设计方向，是实现上述四种经纬纱线的组合及其组合的渐变过程。这四种组合中，第一种反映经纬纱线之间的垂直交织过渡变化的织物组织是基础，后面三种组合与其都有不同程度的关联。影光组织就是反映第一种变化情况的织物组织系列，这种组织系列可以实现从纬线浮长色到经线浮长色的渐变过程，现代数码黑白像景织物就应用这种组织的典型产物。相对而言，在手工绘制意匠色的基础上，近代都锦生彩色绘画织锦所采用的组织组合形式主要是前两种。因为这种意匠色已经将色纱的浮长变化直接表现出来，所以在组织结构上只需采用一个组织，并不是依靠系列渐变组织来表现的。现代彩色数码织锦画则采用了前三种组织组合形式，以发挥经纬交织影光组织的色彩表现力为时代特点，而基于组合全显色结构的数码提花织物，在色彩的表现上，显示出了第四种经、纬渐变组合关系的类型特点。

3.3.1.3 织锦的模仿功能

织锦的“真”，是指织锦对纹样画稿的仿真表现，即将画稿的纹样内容、色彩关系如实地呈现在织锦之上。其评价的依据就是织锦上的纹饰色彩与原稿的近似程度，即按实肖像，也就是求真。这里的“真”既有作为动词的仿真之意，又有指向技术美的“真”。现代数码织锦之所以相异于传统织锦，其中一个重要因素是全面应用了现代科学技术，尤其是计算机技术在色彩仿真提花织物设计、生产过程中的使用，由此也产生了数码提花织物特有的色彩仿真技术美。

技术美是社会美的一个特殊领域，是在工业生产条件下，各种工业产品以及人的整个生存环境的美。技术美要求在产品生产中，把实用要求和审美要求结合起来。织锦作为一种纺织面料虽不是终端产品，但在设计生产之初，已对其最终用途进行初步考量。比如作为挂画，或制成服装与服饰品，或缝制成家用软装产品等。因此，织锦的实用性和功能性应区分内、外两层含义。外层含义是以织物为起点的实用目的，即具体的用途，如用于装饰、欣赏，或是用于制作服装和家用产品等。其中直接用于装饰、欣赏的织锦产品，如织锦画，体现了实用和审美的一种统一形式，即偏重于审美的统一。采用织锦制作的服装、服饰品，以及家用产品体现了实用和审美的另一种统一形式，这种统一既可偏重审美，也可两者兼顾不分主次，也可偏重实用。比如一条纹理独特、花色时尚的织锦披肩，除了具有保暖的使用价值之外，更重要的是提升个人形象和气质，彰显了使用者的个人审美品位。

内层含义是指织物组织结构的设计功能，织物的交织结构显现于外，就是织物的纹饰色彩。织物内在组织结构的编织设计，结合经纬纱线的颜色，呈现出来就是织锦的纹饰与色彩。可见，织锦的织物组织的结构与织物的图像色彩之间的内在统一，才是织锦技术美的核心。真正的织锦技术美应是组织结构的设计功能在纹饰色彩这一形式中的体现。正如日本美学家竹内敏雄所说，技术美不在于产品的功能本身，而是在于“功能的合目的性的活动所具有的力的充实与紧张，并在与之相适应的感性形式中的呈现”。用这样的观点来思考织锦设计生产技术，则织锦织物的技术美是织物组织结构和纱线色彩的合目的性的配置具有的匠心张力并在与之相适应的织物纹饰色彩中的呈现。由于建立了可以多角度表现经纬纱线色的织物组织设计方法，使这一时期的织锦织物在色彩表现方面有了显著的提升，而色彩模仿设计也成为提花织物一个非常重要的研究视角，尤其是在体现提花织物设计技术水平层面上。

织锦作为一种纺织产品，在出现之初，主要是为获得超越于一般织物的实用价值的审美目的。这种审美价值的实现，很大程度有赖于织锦上的纹饰色彩所传递的形式美。由于织锦是基于对事先设计完成的画稿的物化，是将画稿上的图像及其色彩通过经纬纱线的交织再次呈现出来。织物上的图像和色彩与最初画稿所绘制的内容之间就存在一种模仿关系。两者之间的近似程度，被等同于织锦技术的先进程度。纺织技术越先进，人们对表现对象的模仿越是得心应手，从中得到一种精神上的对于造物自由的享受。对于消费者而言，如果能从这个角度去体验千年来古代织锦工匠，以及现代织锦设计师所体验到的自我肯定，也有益于对织锦纹饰色彩的审美欣赏。

3.3.2 求异：凭虚构象

3.3.2.1 表现题材

现代数码提花织物除了对特定表现对象的仿真设计之外，在这一时期出现了另一个发展维度，即挖掘织物组织本身的设计价值。以织物组织的多元化设计为手段，以无具体形象的色彩变化、特殊肌理质感，以及图像、色彩和质感三者的变化组合为表现对象，追求织物设计的自由创新。换言之，现代数码提花织物的主流方向不再以明确的、具象的绘画作品、摄影作品、装饰图案为模仿对象，而以追求创新和变化为目的，即便有画稿为蓝本，最终织物却是非模仿性质的，往往在色彩、质地等方面，都有不同程度的变化。织锦织物的设计视线从对其他工艺和艺术作品的模仿转向对自身设计元素、构成要素的关注，从而也建立了数码提花织物独立的设计身份。

3.3.2.2 分解重构与非具象

在现代造型艺术中，分解重构是一种造型手法。通过对一个或多个具象形体或非具象几何形体进行分解，获得造型元素或素材，再将它们进行重新组合，形成新的造型。分解、重构是手段，目的是获得新的造型。在现代数码提花织物设计中，分解与重构包含如下三方面含义：

一是图像色彩的分离与组合。图像色彩的分离，是将千变万化的图像色都转化为几种基本色。如此即可仅通过几种有限的基本纱线色的组合交织，使提花织物达到对不同色彩效果图像的设计表现。传统织锦和现代数码织锦在设计思维上的区别，首先就表现在对图像色彩的认识上。在传统的织锦设计观念中，图像纹样的色彩是直接的、明确的，如紫色，就是紫色。在现代数码提花织物设计观念中，图像纹样的色彩是可以还原为原色进行考虑的。同样以紫色为例，紫色可以直接是一种紫色，也可以看作是红色和蓝色的混合色。将成千上万种颜色分解为 5 ~ 6 种基本色，这种色彩的原色理论，对现代数码织锦的设计有着非常重要的影响。

二是织物组织的分离与组合。图像色的原色分离，触发了织物组织的分离和分层设计概念的产生。古代织锦的设计建立在多种图像色对应一种经纬纱线交织结构（织物组织）的设计观念上，因而图像色的变化需要有不同的纱线色与之对应；后来逐渐发展到一种图像色对应一种织物组织，这时可以在不变换纱线色的情况下，借助织物组织的变化设计而增加少量色彩层次。但这时的织物组织是直接根据特定的纹样色彩而设计的，不用于其他织物色的表现。现代数码织锦设计主要面对经过原色分离的图像，那么在织物组织方面也应该配合这种设计规律，于是出现了织物组织分离组合设计方法。在具体的操作上，是对应各种原色图像，分别设计能表现原色色量变化的影光组织，再通过几组影光组织的组合表现各原色之间的混合关系，最终获得近似图像色的织物色。影光组织具有通用性，可以用于任何图像的色彩仿真表现。其中，影光组织的组合有三种形式。其一是同向组合，如纬向组合，将各影光组织逐纬按 1 : 1 的排列比进行组合，形成一个包含多种原色信息的组合组织结构。同向组合的代表形式是基于单层结构的组合全显色织物组织结构，如图 3-9（c）所示。也可以是经向组合，原理与纬向组合相同。其二是上下层叠组合，这种组合组织结构也被称为全遮盖组织结构，其特点是只能看到在最上面的纱线颜色，其余纱线都藏于织物背面。上下层叠组合是基于重组织或双层结构的组合组织结构。其三是同向和上下重叠组合并存，这种组织结构也被称为半遮盖组织结构，是同向组合和上下重叠组合的综合形式，间于前两者之间。

三是图像纹样的分离与组合。图像纹样的分离与组合是一种纹样的形体、造型的分割，不是从色彩角度，而是从纹样造型角度进行，如图 3-14 所示。图 3-14 所示的分割图就是前文提到的效果创新提花织物的局部设计图样，其提花织物的实物效果见图 3-13，设计图分为全显色图像部分和表现肌理效果的图像部分。基于这种分割，可以形成多个局部纹样，为每个局部纹样在织物结构方面的独立设计创造了条件。在完成各个局部纹样的组织结构设计之后，再将各织物组织图重新组合起来，形成一份完整的织物组织图，回到常规的工艺流程中。各个局部的组织结构设计，既可以进行原色分离，也可以作为一个整体进行；而在组织结构的选择方面，既可以是单层，也可以是双层，或者是单层和双层的结合形式。总之，为每个局部纹样都提供了与整体纹样相同的设计可能性。经过这样的分割重构，可以产生更多组合设计的机会，使织物设计充满变化和创新空间。

（a）设计图分割一

（b）设计图分割二

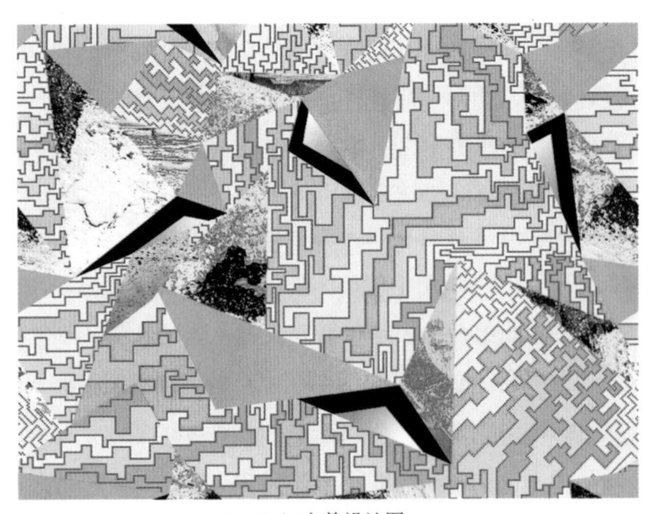

（c）完整设计图

图 3-14 图像纹样的分离与组合

3.3.2.3 织锦的构象功能

求异就是求变化，这种变化更主要的是指向设计方法，而不是设计结果。织物效果的创新是建立在提花织物设计方法的创新基础之上，而提花织物设计方法的创新，最关键的是织物组织结构设计方法的创新。无论是图像的色彩分离，还是图像本身的分割重构，都是为织物组织结构的多样化设计铺设道路。织物组织是原始图像与织物图像的连接桥梁，只有让织物组织变起来、活起来，才是提花织物效果创新设计活的源泉。

“凭虚”是指不完全按照作为提花织物设计底稿的画稿进行织物设计。画稿是提花织物的一个起点，最终产生的提花织物图像与最初的画稿可以完全不同，也可以有少部分相同，这取决于设计师的选择，凸显两者的非等同性是题中应有之意。“构象”中的“构”具有现代造型设计的构成之意，是指造型设计方法；而“象”既是指创造性想象本身，同时又是指想象的产物。“象”不是对实有之物（画稿）的模仿，不是画稿的“像”，而是从无到有的新生之相。

现代提花织物设计观念最重要的时代特征，是一种认识的转向，即对织物组织仅仅是提花织物模仿画稿的手段这样一种的单一认识，转向对织物组织本身设计价值的肯定。如果将织物组织比喻成道路，将提花织物产品比喻成罗马，那么不同的道路通向的罗马也就不是单一的、具体的罗马，而是仁者见仁、智者见智的象喻性的罗马。

基于对织物组织在提花织物设计中的设计价值的认识，现代提花织物的创新设计主要表现为改良创新和综合创新两个层面。改良创新，就是对传统织锦在组织结构方面的完善和升级，比如对传统织锦缎的改良设计，传统织锦缎由一组经线和三组纬线交织而成，其中一组经线用于表现纹样的地色，三组纬线分别用于表现三种纹样色。从织物组织结构角度而言，地部为基于上下重叠组合形式的经面组织，用于呈现经线色；而花部为同样基于上下重叠组合形式的纬面组织，因花色有三种，上下重叠组合中三种纬线（甲纬、乙纬、丙纬）的排列顺序分别出现在最上面各一种，形成对应的三种纬面组织，如图 2-6 所示。传统织锦缎的组织结构为固定四种，对应三种纹样色和一种地色，这就对织锦纹样构成了限制。为了使织锦缎能表现更多的颜色，在现有的三组纬线和一组经线的交织结构基础上，只要再结合影光组织，就可以实现经、纬线之间的颜色过渡。在不改变基本结构——纬三重织物结构的前提下，只将织物表面的一组纬线，通过影光组织，与经线形成渐变过渡关系。这样，三组纬线可以分别渐变为经线色，从而达到对传统织锦缎组织结构的改良设计。

综合创新设计是指通过组合或改变已有的织物设计方法，开发新的提花织物品种。相对于改良创新，综合创新在创新程度上更加显著，更能体现时代创新意识和创造的自由性。比如花纹闪色提花织物，表里换层的双层提花织物，以及各类高花、花纹透叠和肌理效果等提花织物。以花纹闪色提花织物为例，传统的闪色是利用经纬两组纱线在色彩上的互补色关系，以及在显色比例上的均等，形成颜色感知上的交替效应，因此被称为闪色织物。现代花纹闪色提花织物，是以纹样的形式呈现交替闪色效应。从组织结构上，前者是由平纹组织构成的简单的单层结构，后者虽然也是单层组织结构，但是由两组或两组以上缎纹影光组织组合构成的复合单层组织结构；从织物品种特征而言，传统闪色织物为无花纹的平素织物，而后者是既有花纹又有闪色效应的提花织物，且闪色是以花纹的形式产生的，并非经纬纱线一上一下简单的交织，可见两者之间本质性的区别。

3.3.3 求真和求异的关系

提花织物对绘画作品、数码图像和装饰图案等的仿真表现，更多的是技术层面的研究。基于色彩仿真设计技术的像景类、绘画类织锦产品，体现的是技术美，并非织物纹饰与色彩的形式美。技术美存在的根源，在于技术是人类改造世界所形成的手段和方法，它依据自然规律以实现人的目的，体现了人在适应自然和改造生存环境中所取得的自由。提花织物的色彩仿真技术，同样体现了人在使提花织物所呈现的图像色彩与被仿制对象之间合目的性的模仿，这种带有技术性的模仿给予人一种自我的满足和肯定，于是就产生了一种审美体验。

致力于效果创新的提花织物设计，是在提花织物对图像色彩的仿真设计发展到一定阶段之后的必然选择。在提花织物仿真设计与生产技术还未有进一步的研究成果时，仅满足于停留在业已较为成熟和规范化的仿真设计层面，只会退化为惯性思维，色彩仿真设计也就成为了一种常规设计而逐渐失去活力。然而，通过转换设计切入点，从效果创新的角度应用仿真设计技术，是提花织物设计发展的主动选择，同时在事实上为提花织物设计打开了更加自由的创造空间，甚至有可能为提花织物设计技术的进一步发展创造新契机。

提花织物的色彩仿真技术是提花织物效果创新的基础。求异是求变化，从设计方法论的层面求变化，并不是仅仅指提花织物的外观效果。但求变是建立在求真的基础之上，没有坚实的仿真设计技术的支撑，求异就失去了根基，也就没有了求异的方向。可以说，求真是基础，而求异是求真开出来的奇异之花。

结语：趋向色彩自由表现的历程

织锦是一种通过经纬线交织显现纹饰和色彩的传统丝织物品种，兼具多彩和图形纹饰是传统织锦的品种特色。在当下，织锦既包含采用传统的花楼织机手工织造的蜀锦、苏州宋锦和云锦等，也包括由计算机设计与高速电子提花织机织造的，保持古代织锦的起花显色设计方法的纹织物。起花显色的织物组织结构及其设计方法是区分古代织锦与近代织锦、现代数码织锦的关键，而不仅仅在于设计、织造织锦的物质机具。古代织锦的组织结构与显色特征的形成过程，已经蕴涵不同历史时期织锦的织造机具、社会文化环境和人的能动性等各方面的影响因素。

古代织锦的纱线色和组织结构都服务于纹饰与色彩的表现需求。古代织锦组织结构上的特征，可以描述为“单向度的平面显色”。“单向度”是指经、纬两向丝线系统中仅有一向被用于织物的起花显色，即或者是经向显色，或者是纬向显色，而没有将两者组合在一起显色。这里的经纬组合显色，是指经线和纬线以一定的比例，组合表现同一种地色或花纹色。于是，经线起花显色的织物被称为经锦，纬线起花显色的织物被称为纬锦。“平面”是指只用一种织物组织结构满足所有图案色的表现的设计模式。换言之，织物表面纹饰的不同色彩效果在织物组织结构上是同一的。“平面”主要是指织物组织结构的单一性，但也是这一组织结构上的特点，决定了古代织锦纹饰色彩的块面化平涂色的表现形式。

图案的表现需要什么颜色，必须有相应颜色的丝线给予满足，这种图案色与丝线色一一对应的特点设计，既是一种工艺特色，也是一种设计局限。于是，代表不同时期最高丝织技术水平的古代织锦——蜀锦、苏州宋锦和南京云锦，都在寻求革新的举措，而它们的解决措施在客观上也造就了传统三大织锦的不同特色工艺。比如蜀锦的晕裥牵经、经线分区换色技艺。蜀锦的晕裥牵经技艺，可以使经线的排列形成一种色相过渡到白色的渐变色效果，产生了著名蜀锦品种“雨丝锦”和“月华锦”；蜀锦的经线分区换色技艺，通过分区换色使织物纹饰配色得到丰富，却不增加织物的经重数。这种技艺既能节约原材料、保证生产效率，又不增加织物的厚度。再如苏州宋锦的纬线抛道换色工艺，在间隔一定距离时变换纬线配色，被称为“活色”技艺，同样是为了在丰富织锦纹饰色彩效果的同时，不变动织物的经纬线交织结构。但相对于蜀锦的经线分区换色，苏州宋锦采取的是纬线分区换色。经线在织造过程中一般无法更换，而纬线没有这种限制，因此苏州宋锦的抛道换色技艺更具优势，可以实现更多变的配色效果。还有云锦“妆花”的“挖花盘梭”工艺，用绕有各种不同颜色的彩色丝线纬管，对花纹作局部盘织妆彩。这种工艺在古代织锦中配色最为自由灵活。

可见，古代织锦的工艺变化，主要聚焦于丝线色彩的组织搭配，虽促使孳生了蜀锦、苏州宋锦和南京云锦等不同的特殊技艺和品种类型，但整体上也被限制在变换丝线色的设计范畴之内。在此阶段还没有产生从织物组织结构上寻求变化的织物色彩设计意识。

继古代织锦之后，进入数字化设计时代之前，最具有时代特色的近代织锦是杭州都锦生织锦。1921 年，国内第一幅以杭州自然风光为表现对象的黑白像景产生，此后的二三十年代是黑白像景和彩色绘画织锦开发生产的全盛时期，之后由于战争而停产；20 世纪 50 年代，又逐渐恢复生产，直到 90 年代。2004 年都锦生丝织厂生产的以杭州西湖为表现题材的织锦，被列入"首批杭州市传统工艺美术重点保护品种和技艺"，标志着近代织锦在历史舞台上落幕。

相对于"单向度"的古代织锦设计思路，近代织锦开始从"单向度"向"双向度"过渡发展。"双向度"是指图像色由经线和纬线两向纱线色共同进行表现，是相对于仅借助经线或纬线的单向纱线色表现图案色彩而言的。经、纬两向纱线色通过影光组织进行交织，满足了对图像渐变色的表现，形成了"双向度光影显色"的技术特征。这一结果的产生是由影光组织的渐变性设计特点带来的。影光组织不是一个单一的织物组织，而是一组规律变化的组织系列。它通过经组织点或纬组织点的逐点增加或减少，调配经线、纬线在织物表面的浮长面积比率，从而获得从经线色到纬线色，或反之的逐渐缓慢变化的色彩渐变效果。并且，在系列化的影光组织中，从经面组织（经向丝线浮长占最大面积比的组织）到纬面组织（纬向丝线浮长占最大面积比的组织）的所有中间过渡组织的数量，可以根据图像的明暗色阶层次的需要进行设计。由此，在织物组织结构与图像色的色阶变化之间建立了一种直观的对应关系，开启了一个新的色彩表现维度。

为了能表现黑白摄影照片的明暗、深浅层次，促使影光织物组织的产生与应用。与此同时，摄影照片也顺理成章地成为像景织物的纹样底稿。摄影照片的内容一般都是人像或风景，由此就可以理解"像景"这一织物名称的由来。深入分析"像景"的涵义，主要包含三方面：一是表现对象是人像、风景；二是人像与风景表现题材来源于拍摄的照片；三是像景织物的表现与模仿极为逼真。借助摄影技术对人像、风景进行捕捉，以及对绘画、书法作品的复制性拍摄，经丝织技术的物化，塑造了近代黑白像景、绘画织锦在观看体验、情感内容和文化风俗三个层面的时代意义。

1. 观看体验层面

在20世纪20年代，国内照相机还不是很普及，摄影照片自然主义的写实效果让人耳目一新，像景织物借此也拥有了独特的科技气质。在19世纪40年代，法国人会将相片像珠宝一样珍藏在小盒子里，有些画家则将它们用作辅助作画的工具。80年之后，黑白摄影相片成为像景织物的纹样底稿。以杭州西湖自然风光为中心，辐射全国各地风景名胜的风景照片，甚至寻常的路边景色，都成为丝织风景像景的表现题材。相机取景框所撷取的景观，为当时的人们提供了一种跨越时间和空间的观看体验。万里长城、黄山云海……，原本只有亲身游览才能看到的景色，以写实的样貌呈现在眼前的方寸之内。自第一幅黑白像景《九溪十八涧》织造成功之后，依托摄影技术的像景织物被其他丝织厂效仿生产，在钦佩首位研制者的匠心独具之外，同时也感受到丝织行业对时代脉搏的敏锐感受力。

2. 情感内容层面

当透过像景织物由白黑或彩色丝线交织产生的光影与色彩变化，与新奇视觉感受的外观，指向的是人的情感与精神层面。人物肖像题材的像景，以表现国家领袖、军事将领，以及文学、思想领域的伟人和名人等为特点。早期黑白像景的设计生产因其手工性特点，如手绘意匠、冲孔纹版的手工轧制等，需要花费大量时间。但织造生产已是机器化批量生产，这些因素也决定了当时的丝织厂选择时代伟人和名人肖像为织制对象。在投入的人力、物力的背后，折射的是那个时代的人们内心的敬仰之情，甚至浸染着激情与信仰的力量。

3. 文化风俗层面

以古代山水画和人物画，还有清代画家郑板桥（1693—1766年）及近代画家齐白石（1864—1957年）、徐悲鸿（1895—1953年）和潘天寿（1897—1971年）等的作品，以及富有美好寓意的彩色图案作品等为模仿对象的织锦。以丝织美术工艺品的方式对绘画艺术进行传播，体现了满足普通民众审美需求的文化风俗的一面。

相对于传统织锦，近代像景织物在对色彩表现方面发生了本质性的变化，从单纯依赖于丝线本身的颜色，转向了利用织物组织对丝线色进行混合生色的能力。但是这一阶段，对影光组织本身及其应用还有诸多不足和缺陷，比如影光组织本身存在交织不平衡的问题，因而在应用时需另有一组纱线用于弥补这一不足；另外，影光组织还不能独立用于彩色表现，由此出现了在黑白像景基础上，用颜料上色的着色像景等。所有这些都有待一个新的契机的到来，以便从理论和实践两个层面提升丝织物对图像色彩的自由表现。

“提花”一词，源于一位法国提花织机改革家Joseph Marie Jacquard（1752—1834年）中姓氏“Jacquard”的音译。这种织机被称为贾卡织机或提花织机，于20世纪初引进国内，逐渐取代了我国传统的花楼织机，近代像景织物就是在以这种织机为生产工具的条件下产生的。由此“提花”织物有时也成为织锦的另一名称。相对于传统的“织锦”概念，“提花”一词因工业革命的机器化生产方式而产生，而“数码提花”则是计算机与数字化时代的产物。

现代数码提花织物在近代像景织物设计技术基础上，吸收了计算机技术和色彩科学理论，向系统化和规范化的方向发展。这一阶段的“双向度”在经、纬两向概念基础上有所拓展，主要表现为从黑白像景中的白经、黑纬或黑经、白纬的两色混合，发展为多色混合，完成了从黑白世界到彩色世界的过渡。以对影光组织本身的设计与显色规律的实验研究为基础，在数码提花织物设计中使影光组织以在经、纬两个向度上同时展开，并衍化出了多种组合形式。其中常用的组合方式有两种：一是多组彩色纬线之间以影光组织水平并列组合，并与一组经线以影光组织垂直交织，这一组经线在颜色上或是黑色，或是白色，或是一黑一白两色组合。二是与第一种情况相反，即经线为多组彩色，而纬线为黑、白或黑白两色组合。

在纱线色的配置上，借鉴原色混合理论，以红、黄、蓝三种原色结合黑白两色纱线，取代在古代织锦和近代织锦阶段的具体用色，使纱线色的配置与织物组织得以全面配合。因此，现代数码织锦进入了“双向度组合全显色”的色彩表现阶段。这里的“组合全显色”包含两层意思。第一层是指交织结构框架，由两方面构成：其一是经、纬两向纱线各自平行并列组合（不发生交织）；其二是经、纬两向相互垂直交织组合。经、纬各自内部的平行并列与经、纬垂直交织，两者结合构成一个结构性框架。第二层是在这个结构框架基础上，同向之间（经线与经线之间、纬线与纬线之间）与异向之间（经纬之间）应用影光组织产生所有变化的可能性。因此“组合全显色”指的是织物组织结构的所有变化可能性，而不是指颜色的变化。当这个结构配合纱线的色彩因素，就可以完成对图像色的色彩仿真。当然这个结构也可以不应用于色彩模仿领域，而用于纯粹的色彩表现。

从2001年至2021年的二十年间，前十年，国内主要以色彩仿真提花织物的设计研究为主，后十年大致是在色彩仿真技术基础上力图走向多元化设计。目前数码提花织物设计研究方向大致可概括为三个方面：一是数码提花织物色彩仿真设计方法的多样性探讨；二是提花织物的色彩仿真与织物纹理立体化效果的多形式组合设计；三是对传统织锦、像景产品的改良或创新设计，如双面效果、花纹闪色等。第一方面相对其他两方面，对基于影光组织的色彩仿真设计主流方法的突破最具本质性。影光组织在国内的设计与应用，至今有一百余年，虽然其对混合经纬纱线色有独特的优势，但任何一种设计方法都不可能是无懈可击的。张可桢提出的扩散仿色设计方法，利用图像处理软件（Photoshop）中的扩散仿色功能，将连续调图像转化为只有黑、白、红、黄、蓝、绿等六种颜色的图像，再用于色彩仿真提花织物的设计。[①]笔者提出将连续调图像转化为网目调(网点)图像，再进行色彩仿真提花织物设计。[②]两者的共同点是，看到了影光组织本身存在的设计缺陷，因此不采用影光组织而进行色彩仿真设计，力求获得显色更稳定、饱和度更高的织物产品。此外，还有采用非常规的渐变织物组织进行非具象的色彩表现设计等。无论是持续完善基于影光组织的色彩仿真提花织物设计方法，还是寻求新的设计途径和切入点，都是色彩仿真设计技术保持活力所不能或缺的。

对图像色彩的自由表现是推进丝织技术发展历程的动力。笔者将这一历程划分为古代织锦、近代织锦与现代数码提花织物三个阶段，并通过比较分析三个阶段织锦的品种特色和组织结构，发现在织物色彩表现中有两个主要设计因素：丝线色和织物组织。其中：织物丝线色的配置设计，经历了从直接采用具体的丝线色表现纹饰色彩，转向采用黑、白丝线和几种原色丝线的组合设计来表现变化丰富的图像色；而织物组织，从不参与织物显色变化设计的结构性因素，演变为调节和控制织物色彩表现的核心设计因素。两者之间的关系也从相对独立、分离，转变为相互配合，直至合作无间。古代织锦仅仅利用了丝线色的设计作用，近代织锦发现了织物组织在混合经纬丝线色方面的设计价值，而现代数码提花织物将丝线色和织物组织的设计作用都发挥了出来。这一演变历程，反映了人们对丝绸织锦在色彩表达上的极致追求。

---

① 张可桢：《扩散仿色显像彩色织锦的制作方法》。公开号：CN 102140721A。公开日期：2011-08-03。
② 张爱丹：《色彩仿真数码提花织物的纹制工艺特征分析》，《装饰》2022 年第 6 期。

主要参考文献

（一）图书

[1] 刘熙 . 释名 . 北京：中华书局，2016.

[2] 许慎 . 说文解字注 . 段玉裁，注 . 上海：上海古籍出版社，1988.

[3] 张法 . 美学导论 : 第 4 版 . 北京：中国人民大学出版社 , 2015.

[4] 尤西林主编 . 美学导论 : 第 2 版 . 北京：高等教育出版社 , 2018.

[5] 张法 . 中国美学史 . 成都：四川人民出版社 , 2020.

[6] 李泽厚 . 美的历程 . 北京：生活・读书・新知三联书店 , 2009.

[7] 叶朗 . 中国美学史大纲 . 上海：上海人民出版社 ,1985.

[8] 张光直 . 艺术、神话与祭祀 . 刘静，乌鲁木加甫 , 译 . 北京：北京出版社 , 2017.

[9] 王伯敏 . 中国绘画通史 : 第 3 版 . 北京：生活・读书・新知三联书店 , 2018.

[10] 乔治・桑塔耶纳 . 美感 . 杨向荣 , 译 . 北京：人民出版社 , 2013.

[11] 赵丰，屈志仁主编 . 中国丝绸艺术 . 北京：外文出版社，2012.

[12] 高汉玉主编 . 中国历代织染绣图录 . 香港：商务印书馆香港分馆，1986.

[13] 赵丰主编 . 丝路之绸：起源、传播与交流 . 杭州：浙江大学出版社，2017.

[14] 杨玲主编 . 明代大藏经丝绸裱封研究 . 北京：学苑出版社，2013.

[15] 赵丰 . 织绣珍品 . 香港：艺纱堂 / 服饰工作队，1999.

[16] 常沙娜主编 . 中国织绣服饰全集：染织卷 . 天津：天津人民美术出版社，2003.

[17] 赵丰主编 . 中国丝绸通史 . 苏州：苏州大学出版社，2005.

[18] 谢国桢 . 两汉社会生活概述 . 北京：北京出版社 , 2016.

[19] 赵丰主编 . 丝路之绸：美术考古概论 . 北京：文物出版社，2007.

[20] 黄修忠 . 蜀锦 . 苏州：苏州大学出版社，2011.

[21] 钱小萍 . 中国宋锦 . 苏州 : 苏州大学出版社，2011.

[22] 徐仲杰 . 南京云锦史 . 南京：江苏科学技术出版社，1984.

[23] 袁宣萍 . 西湖织锦 . 杭州：杭州出版社，2005.

[24] 李超杰 . 都锦生织锦 . 上海：东华大学出版社，2008.

[25] 浙江丝绸工学院、苏州丝绸工学院 . 织物组织与纹织学 . 北京：中国纺织出版社，1998.

[26] 周赳 . “艺工商结合”纺织品设计学 . 北京：中国纺织出版社，2021.

[27] 杨伯峻 . 论语译注 : 第 2 版 . 北京：中华书局，2017.

[28] 杨伯峻 . 孟子译注 : 第 2 版 . 北京：中华书局，2019.

[29] 礼记 . 胡平生，张萌 , 译注 . 北京：中华书局，2017.

[30] 庄子 : 第 2 版 . 方勇 , 译注 . 北京：中华书局，2015.

[31] 张觉 . 荀子译注 . 上海：上海古籍出版社，2012.

[32] 楚辞 . 林家骊 , 译注 . 2 版 . 北京：中华书局，2015.

[33] 王弼 . 老子道德经注 . 楼宇烈 , 校释 . 北京：中华书局，2011.

[34] 司马迁 . 史记 : 卷一 . 北京：中华书局，2011.

[35] 张光直 . 商文明 . 北京：生活・读书・新知三联书店 , 2019.

[36] 许倬云 . 西周史 . 北京：生活・读书・新知三联书店 , 2018.

[37] 尚书 . 王世舜，王翠叶 , 译注 . 北京：中华书局，2012.

[38] 山海经 . 方韬 , 译注 . 北京：中华书局，2009.

[39] 闻一多 . 神话与诗 . 南昌：江西教育出版社，2018.

[40] 巫鸿 . 武梁祠 . 杨柳，岑河，译 . 北京：生活・读书・新知三联书店，2015.

[41] 茅盾 . 中国神话研究初探 . 上海：上海古籍出版社，2005.

[42] 潘攀 . 汉代神兽图像研究 . 北京：文物出版社，2019.

[43] 王怀义 . 中国史前神话意象 . 北京：生活・读书・新知三联书店 , 2018.

[44] 练春海 . 器物图像与汉代信仰 . 北京：生活・读书・新知三联书店 , 2014.

[45] 袁珂 . 中国古代神话 . 上海：华东师范大学出版社 , 2017.

[46] 孙机 . 汉代物质文化资料图说 . 上海：上海古籍出版社 , 2011.

[47] 梁思成 . 清式营造则例 . 北京：清华大学出版社，2006.

[48] 张道一 . 中国图案大系 . 济南：山东美术出版社，1994.

[49] 张晓霞 . 中国古代染织纹样史 . 北京：北京大学出版社，2016.

[50] 袁宣萍，徐峥 . 中国近代染织设计 . 杭州：浙江大学出版社，2017.

[51] 尤景林 . 华章御锦 . 苏州 : 古吴轩出版社，2014.

[52] 瓦尔特 . 本雅明 . 艺术社会学三论 . 王涌，译 . 南京：南京大学出版社，2017.

[53] 李泽厚 . 美的历程 . 北京：生活、读书、新知三联书店，2009.

[54] 刘克祥 . 蚕桑丝绸史话 . 北京：社会科学文献出版社，2011.

主要参考文献

（二）期刊

[1] 武敏 . 吐鲁番出土蜀锦的研究 . 文物，1984(6):70−80.

[2] 赵丰 . 丝绸图案的早期风貌——中国古代丝绸图案研究之一 . 浙江丝绸工学院学报 , 1987(02):49−55.

[3] 赵丰 . 几何纹锦中的打散构成设计——中国古代丝绸图案研究之二 . 浙江丝绸工学院学报 , 1988(02):50−56.

[4] 赵丰 . 云气动物锦纹的系谱——中国古代丝绸图案研究之三 . 浙江丝绸工学院学报，1989, 6(3): 62−67.

[5] 徐铮 . 馆藏汉晋时期 " 恩泽 " 锦赏析 . 文物鉴定与鉴赏 , 2020(9):22−25.

[6] 钱小萍 . 蜀锦、宋锦和云锦的特点剖析 . 丝绸，2011,48(5): 1−5.

[7] 陈娟娟 . 明清宋锦 . 故宫博物院院刊，1984(4): 15−25+102−104.

[8] 戴健 . 云锦织物组织结构探讨 . 丝绸，2004(4): 47−50.

[9] 周赳 . 电子提花彩色像景织物的设计原理 . 丝绸 , 2001(9):31−33+37.

[10] 周赳 . “真彩” 提花织物产品设计原理于方法 . 纺织学报，2002，32（5）:11−12.

[11] 周赳 . 电子提花双面像景织物的产品设计原理 . 丝绸 , 2002(2):34−35+40.

[12] 李加林 . 现代丝织像景织物及结构设计特征 . 丝绸 , 2004(3)：11−13.

[13] 李启正 , 周赳 . 数码多色经提花织物设计的色彩模型 . 丝绸 , 2005(5):14−16.

[14] 韩容，张森林 . 数码提花双面像景织物的设计与开发 . 纺织学报 , 2006，27(8):89−91.

[15] 周赳 , 吴文正 , 沈干 . 提花织物结构设计的一一对应原则 . 纺织学报 , 2006, 27(7):4−7.

[16] 周赳 , 吴文正 . 仿真数码提花织物的设计原理和方法 . 纺织学报， 2007, 28(8):46−49.

[17] 周赳，吴文正 . 花纹闪色数码提花织物设计原理和方法 . 纺织学报 , 2007, 28(9):53−56

[18] 周赳 , 吴文正 . 双面花纹提花织物结构设计原理和方法 . 东华大学学报：自然科学版 , 2008, 34(1):44−47+55.

[19] 周赳 , 屠永坚 . 有彩数码提花织物结构设计的实践与分析 . 纺织学报 , 2008, 29(4):54−57.

[20] 周赳 , 蒋烨瑾 . 基于组合结构的黑白仿真提花织物设计 . 纺织学报 , 2010,31(10):24−28.

[21] 胡丁亭 , 罗来丽 , 周梦岚 , 等 . 叠花效果数码提花织物设计实践 . 丝绸 , 2011, 48(5):28−31.

[22] 康美蓉，周赳．基于数码技术的传统织锦缎改进设计．纺织学报， 2011, 32(1):25−28.

[23] 周梦岚，周赳．敦煌艺术风格数码提花织物的设计实践．丝绸，2012, 49(11):46−50.

[24] 赵丰，罗群，周旸．战国对龙对凤纹锦研究．文物，2012(7):56−67.

[25] 周赳，唐澜倩．基于彩色图像的灰度仿真数码提花织物设计．纺织学报，2013, 34(2):69−72.

[26] 张爱丹．“从茱萸纹到缠枝纹”论中国传统植物纹样的演变与应用．丝绸，2014, 51(7):58−63.

[27] 许雅婷，周赳．基于全显色结构的提花纹理设计研究与实践．丝绸，2014, 51(5):49−53.

[28] Ng Frankie, Kim Ken Ri, Hu Jinlian, et al. Patterning technique for expanding color variety of Jacquard fabrics in alignment with shaded weave structures. Textile Research Journal, 2014, 84(17):1820−1828.

[29] 周赳，张萌．基于全显色结构的双面花纹提花织物设计．纺织学报， 2015, 36(5):39−43.

[30] 张爱丹，周赳．Red−Green−Blue 分色域仿真的数码提花织物设计．纺织学报，2016, 37(7): 61−65.

[31] 张爱丹，周赳．一纬全显织物结构设计要素与其显色规律的关系．纺织学报，2017, 38(9):40−44.

[32] 亓艺，张爱丹，周赳．基于二纬组合全显结构的扎染艺术风格提花织物设计．丝绸，2017, 54 (9): 57−60.

[33] 彭稀，周赳．基于蜂巢和全显色组织的肌理效果提花织物设计．丝绸， 2018, 55(5):73−77.

[34] 张爱丹，周赳．全显技术组织对三纬组合织物结构混色规律的影响．纺织学报， 2018, 39(10): 44−49.

[35] Zhang Aidan, Zhou Jiu. Color rendering in single−layer jacquard fabrics using sateen shaded weave databases based on three transition directions. Textile Research Journal, 2018, 88(11):1290−1298.

[36] Zhang Aidan, Zhou Jiu. Hierarchical combination design of shaded−weave database for digital jacquard fabric. Journal of the Textile Institute , 2019, 110(3):405−411.

[37] Kim Kenri, Ng Frankie, Zhou Jiu, et al. Pigment mixing effect realized with pre−dyed opaque yarns for Jacquard textile design development. Textile Research Journal, 2019, 89(1):87−97.

主要参考文献

[38] 张爱丹 , 周赳 . 组合全显色提花织物的纹理设计原理与方法 . 纺织学报 , 2019, 40(5): 36−40+52.

[39] 张爱丹 , 郭珍妮 , 汪阳子 . 模块组合全显色结构提花织物设计与仿色优化比较 . 纺织学报 , 2021, 42(10):67−74.

[40] 张萌 , 周赳 . 附加纬接结的双层全显色结构设计原理和方法 . 纺织学报 , 2022, 43(3): 83−88.

[41] 张爱丹 , 周赳 . 基于图像色网点化设计的织物结构呈色特征 . 纺织学报 , 2019, 40(9): 56−61.

[42] 张爱丹 , 周赳 . 聚集态网点结构提花织物的灰度仿真特性 . 纺织学报 , 2020,41(3):62−67.

[43] 张爱丹 . 色彩仿真数码提花织物的纹制工艺特征分析 . 装饰 , 2022(6):136−138.